逻辑思考

看清解决复杂问题的逻辑主线

张巍 戚静娴 —— 著

浙江大学出版社

图书在版编目（CIP）数据

逻辑思考：看清解决复杂问题的逻辑主线 / 张巍，戚静娴著. -- 杭州：浙江大学出版社，2025.7.
ISBN 978-7-308-26480-8

Ⅰ. B804.1-49
中国国家版本馆CIP数据核字第2025ZM1758号

逻辑思考：看清解决复杂问题的逻辑主线
张　巍　戚静娴　著

策　　　划	杭州蓝狮子文化创意股份有限公司
责任编辑	黄兆宁
责任校对	张培洁
封面设计	袁　园
出版发行	浙江大学出版社
	（杭州市天目山路148号　邮政编码310007）
	（网址：http://www.zjupress.com）
排　　版	杭州林智广告有限公司
印　　刷	杭州钱江彩色印务有限公司
开　　本	880mm×1230mm　1/32
印　　张	7.75
字　　数	161千
版 印 次	2025年7月第1版　2025年7月第1次印刷
书　　号	ISBN 978-7-308-26480-8
定　　价	59.00元

版权所有　侵权必究　　印装差错　负责调换

浙江大学出版社市场运营中心联系方式：0571-88925591；http://zjdxcbs.tmall.com

序　言

　　我在 20 多年的应用开发、项目管理、团队管理、人才发展、培训咨询的职场经历中，经常发现职场中的伙伴在问题分析和解决过程中会遇到很多困难：

　　无法辨识遇到的是单一问题还是多个问题交融的问题群；

　　面对模糊而复杂的问题群时，会感到迷茫和困惑，不能清晰地去辨别和梳理问题群，无法分析出主要问题；

　　在分析问题的根源性起因时，因为没有结构化的分析方法，所以只能凭借过去的经验去猜测当前问题或未来问题的起因，导致猜错或遗漏真正的起因；

　　通过不断地询问为什么，找到了众多可能的起因后却无法收敛出真正的起因或可能性最大的起因；

　　面对找到的根源性起因，无法提出足够多的或令人满意的解决方法；

虽然有了多个解决方法，但由于资源限制无法全部施行时，无法设计和决策出最佳解决方法，或没有思考将几个解决方法组合成最佳的解决方案；

施行了解决方法后，无法证明问题解决的效果和解决方法的价值；

即使问题解决的效果很好，但在将解决方案标准化推广时也是困难重重……

曾经经历过以上困难的读者可能会感叹美好的愿望和职场现实的差距！

希望本书介绍的这套结构化的问题分析和解决方法可以解答各位读者在问题解决过程中的困惑，使您和您的团队在问题分析和解决过程中不再迷茫！

所谓结构化思维就是将无序的思考过程变为有序的思考过程，把一个复杂程度很高的、甚至是混乱的思维过程抽象出和提炼成一个有章法可循的逻辑结构。本书会带着读者一起来体验一次"先总后分"的结构化思维方式，首先认清问题分析和解决过程中的几个关键环节，然后依次学习在各个关键环节里展开运用的具体分析方法和工具。这个过程如同庖丁解牛，实现从总体的鸟瞰到局部的观察，既有对整体思维过程的认知，也有针对各个细节的分析方法。

本书介绍的是一套完整的问题分析和解决的系统方法，立足于理性分析，结合许多定量和定性分析工具，从清晰地辨别问题群开始，探究出主要问题，找到根源性起因，选出最佳解决方案，科学地评估问题解决的效果，最终将有效的解决方法标准化，并推而广之。全书的内容覆盖了问题分析和解决的全过程，力求彻底地解决问题，避免类似问题再次发生！

感谢蓝狮子的伙伴们在此书编辑和出版中给予的帮助，特别感谢蓝狮子的陶英琪主编、宣佳丽副主编、薛露主任、潘虹宇编辑、钱晓曦编辑对本书的大力支持！

最后也是最重要的，就是要感谢我的家人。我用家人的名字来命名书中的各个角色，借此表达我对家人的爱和感谢。

在此书的职场案例中出现的主角Sam（山姆）其实是我大儿子张兆翔的英文名，我希望借此书中山姆的不断成长和成功来激励我的长子，勉励他热爱学习，不断地成长和进步。

还有一个重要的角色是智能机器人"脑门"。"脑门"其实是我英文名字Norman的趣化音译。我想通过智能机器人"脑门"对山姆的一次次指导，来展现自己帮助孩子们成长的良好愿望。

山姆的奶奶和胖胖的小王的人物原型，都是我的母亲王之芳老师；"大头"小张和喜欢提问的小林的性格特点，源于我父亲张红根先生和小儿子张兆林；七仔前辈和部门领导静姐的名字，取自我太太戚静娴女士"戚"姓的谐音和名字中的"静"字。在创作此书的过程中，能让一家人在书中团聚，我备感温馨和愉悦。

2007年诺贝尔文学奖得主、英国著名女作家多丽丝·莱辛（Doris Lessing）说过："写书是一种艰辛的苦力。"对此我有着强烈的共鸣。

我曾经说写上一本书《逻辑表达：高效沟通的金字塔思维》的过程就像十月怀胎，是因我深切体会到写书的过程是如此的艰苦和漫长。

但我却不知哪来的勇气，可能是因为《逻辑表达：高效沟通的金字塔思维》一书的畅销，让我还是定下了写出新书《逻辑思考：看清解决复杂问题的逻辑主线》的承诺。

为了对书稿精雕细琢，我不记得喝了多少杯咖啡，掉了多少根头发。想写的内容很多，但内心又是那么迫切地希望尽早结束这一艰辛的思维跋涉。

写书是一种煎熬，写此书更是漫长的煎熬！

为了逻辑系列书籍成形！

为了那些读者书评中的温暖！

我拾起初心砥砺前行，精益求精！

谨以此序言记录创作此书的目的和心境！

张 巍

2025 年 6 月 1 日　上海

目录

1 概述 / 001

    1.1 PDCA与7步法 / 006

    1.2 使用"结构化的问题解决方法"的时机 / 009

        ▷ 杰克餐厅：又见山姆 / 014

2 选定问题：4个步骤 / 017

    2.1 辨别问题：2个状态3种定义 / 026

    2.2 探究问题：深度与广度 / 029

    2.3 选择问题：见招拆招 / 042

        ▷ 杰克餐厅：选定问题 / 052

    2.4 陈述问题：四条原则 / 061

3 起因分析：应对 3 个挑战 / 065

3.1 全面调研出所有可能的起因：正确使用鱼骨图 / 072

▷ 杰克餐厅：全面调研起因 / 081

3.2 确定最有可能的起因：5 种方法 / 102

▷ 杰克餐厅：确定最有可能的起因 / 118

3.3 验证真正的起因：定量或定性分析 / 127

▷ 杰克餐厅：验证真正的起因 / 133

4 解决方法：5 个步骤 / 141

4.1 选定类型：3 种类型 / 146

4.2 寻找方法：2 个工具 / 150

▷ 杰克餐厅：寻找方法 / 161

4.3 优选方法：选出最佳 / 176

▷ 杰克餐厅：优选方法 / 185

4.4 降低难度 / 190

4.5 计划执行 / 192

5 效果评估：全面评估所有"并发效应" /193

▷ 杰克餐厅：效果评估 /198

6 标准化并推广：两种扩展思维与风险管理 /209

6.1 两种扩展思维 /212

6.2 风险管理 /217

6.3 SDCA方法 /219

6.4 赢得支持 /224

▷ 杰克餐厅：标准化并推广 /226

后 记 /237

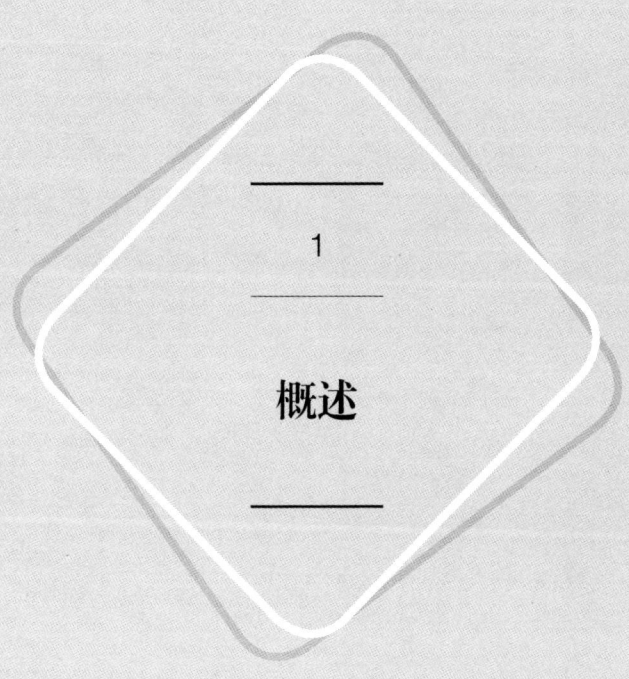

1 概述

我们为什么会向大家推荐结构化的问题解决方法？

因为我们每天不是在解决公司产品服务或运营中的相关问题，就是在解决外部客户和内部客户的相关问题。例如，提升产品的良品率，降低运营成本，减少项目延误，增加销售收入，提高客户满意度，处理客户的投诉等。所以我们需要**一套可以分析和解决不同类型问题的方法论**，即具有高通用性的问题分析和解决的方法论。

在工作中，我们需要经常参加业务回顾会议和重要问题的讨论，监控和改善日常业务运营，解决发现的问题。在会议中，我们需要向问题相关方汇报和提出建议，从而得到批准或资源支持。所以，我们需要**一套可以用于呈现问题分析和解决思路的方法论**。

很多企业都在推进持续改善项目，从而推动面向未来、顺应趋势的企业发展、组织发展、人员发展等方面的工作。所以我们需要**一套既可以分析已经发生的问题，也可以分析未来可**

能出现的问题或潜在问题的方法论。

希望阅读本书能带给您和您的团队以下四方面的好处：

☐ 通过学习标准和可重复的方法论，提高您和您团队解决问题的能力。
☐ 一劳永逸地根除高价值的问题，避免此类问题的重复发生。
☐ 形成团队解决问题的共同语言。
☐ 涉及多团队和跨部门参与的问题，能改善解决效果，提高解决效率。

本书参照成人学习的三步学习曲线，如图1-1所示。

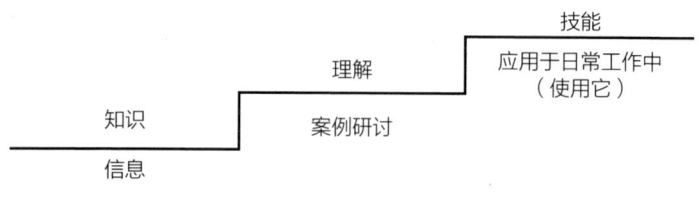

图1-1　三步学习曲线

☐ 知识——从书面信息中获得。
☐ 理解——在掌握知识后，能够结合自己的学习体会和工作经历给出相关的反馈。

☐ 技能——主动地反复应用所学知识，使之成为习惯性的技能。

本书通过对结构化、流程化的方法论进行讲解，带领读者获取知识，并通过大量的案例分析，帮助读者加强对这套结构化方法论的理解。希望大家学以致用，把这套问题分析和解决方法应用到各自的工作和生活中，并将其内化为习惯性技能。

1.1　PDCA与7步法

很多企业都推崇 PDCA 的工作方式。如图 1-2 所示，所谓 PDCA，即计划（plan）、实施（do）、检查（check）、行动（act）的首字母组合。PDCA 更多的是一种行事理念，要求每一项工作都要经过 4 个步骤——计划、执行、检查以及采取相应的行动，并对实施中的状态进行不断调整或改善。采用 PDCA 工作方式让很多企业受益，使企业管理向良性循环的方向发展，既可提高工作效率，又得到较好的工作结果。

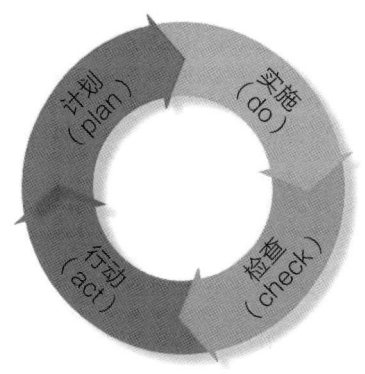

图1-2 PDCA工作方式

本书介绍的结构化的 7 步问题分析和解决方法，与 PDCA 的行事理念是一致的，就问题解决这一应用场景，把 PDCA 进一步细化成 7 个步骤，并且在每个步骤里都配备了充足的分析工具和思维方法。通过这些分析工具和思维方法的有序组合与应用，来完成 PDCA 的全过程。

plan	do	check	act

选定问题→数据收集→起因分析→选择解决方案并执行→效果评估→标准化→反馈至流程

图1-3 关联7步法与PDCA工作方式

如图 1-3 所示，第一步"选定问题"、第二步"数据收集"和第三步"起因分析"就是在完成 PDCA 的"计划（plan）"阶段。第四步"选择解决方案并执行"是 PDCA 的"实施（do）"阶段。第五步"效果评估"是 PDCA 的"检查（check）"阶段。PDCA 的"行动（act）"阶段包括本书提及的第六步"标准化"和第七步"反馈至流程"，也可以简称为标准化并推广。

相信您在读完此书后，会将 PDCA 的行事理念从概念层面落实成一整套可实施的分析工具和思维方法。

1.2 使用"结构化的问题解决方法"的时机

既然是解决问题的方法,自然要在确认面对的课题是问题后,才能应用。那么,我们如何定义"问题"呢?

当事物的**实际状态**偏离其**应有状态**的时候,我们认为这是问题。而人在头脑里将正在发生的情况(即"实际状态"),与应该发生的情况(即"应有状态")相比较的过程就是**问题辨别**的过程。

从上面的定义来看,如果我们观察到的事物的实际状态和事物的应有状态都是客观存在的,那么问题的定义就是非常客观的。举个例子,我们倒拿保温杯时,当盖子拧紧时,那么保温杯的应有状态是不漏水的。如果我们发现保温杯在漏水,那就说明保温杯有问题,因为杯子的实际状态"漏水"偏离其应有状态"不漏水",所以可能是杯子密封的问题,也可能是盖子没拧紧……如果我们发现保温杯不漏水,那么表示我们没有遇到什么问题。

问题的定义理解起来很容易，但是在生活和工作中，我们在辨别问题时有时是非常主观的。

我们先举一个生活中的有趣例子。几年前，曾有一些行业人士提议"鉴于春运期间客流量大，火车票应该涨价"。大家觉得春运期间客流量大是问题吗？让我们根据问题的定义来辨析一下吧。春运期间客流量的应有状态是大，而春运期间客流量的实际状态的确也是大，说明实际状态和应有状态是一致的。所以春运期间客流量大不是问题。如果我们真的使火车票涨价，涨到一部分人买不起火车票回家过春节，那么可以想象一下，这个所谓的问题解决方法是不是会在社会上引发很多新的问题。火车票涨价这一解决方法，的确可以把春运期间客流量大（符合应有状态）的情况，变成客流量有所下降（偏离应有状态），但是它会造成实际状态偏离应有状态，所以这个解决方法其实是在制造问题而不是解决问题。**针对不是问题的"问题"施行解决方法，往往是走在错误的方向上，有时不但没有解决问题，而且还可能会制造出一些新的问题，甚至恶化原本想要解决的问题。**春运中真正存在的问题，应该符合实际状态偏离了应有状态的定义，比如"返乡者买不到火车票而无法与家人在除夕团聚"或"有票贩子"等。前者的实际状态"买不到票，无法与家人在除夕团聚"，偏离了应有状态"买到票与家人在除夕团聚"；后者的实际状态"有票贩子"也偏离了应有状态"不应该有票贩子"。

"按下葫芦浮起瓢"是一句大家熟知的民间俗语，结合问题解决的场景，我们可以用这句俗语来比喻一个问题的解决导致很多其他问题的出现。我们不禁追问一句："为什么会浮起瓢呢？是不是我们按错了葫芦呢？"

当然春运的确存在一些问题，比如乘客买不到火车票而只有票贩子手里有票，铁路12306官网不够友好、不够稳定，部分线路运能不足等。在这些问题的描述中，大家是否发现其实际状态和应有状态是不一致的？这些问题都有清晰的实际状态和应有状态，而且都是因为实际状态偏离了应有状态，所以是真正的问题！

在职场中，我们也经常需要辨别讨论的课题是不是问题。比如，我们经常听到员工抱怨的"收入低""午餐时间不够""加班多"。这些问题的背后，是否有"希望有更高收入""中午想多休息会儿""最好不要加班"的主观喜好呢？包括提高客户满意度的课题，是不是客户满意度越高越好呢？更高的客户满意度对成本的影响是什么？更高的成本对客户满意度的影响又是什么呢？回答这些问题需要我们对事物的应有状态进行认真的思考和识别，**只有当我们确定实际状态偏离了应有状态，才能开始我们的问题分析和解决之旅。**

判断是不是遇到了真正的问题，我们需要先了解事物的应有状态和实际状态。对于实际状态，可以花时间去现场观察和收集信息，**但辨别是不是问题，前提是对应有状态有清楚的了解**。关于如何辨别问题（既要辨别是不是问题，也要辨别是什么问题），我们会在本书2.1节"辨别问题：2个状态3种定义"中介绍一些理念思路和具有可操作性的方法。

所以本书的问题分析和解决方法的应用时机是在事物的实际状态偏离了应有状态时，因为这表明你遇到了真正的问题，我们需要了解其起因并采取有效的问题解决措施，如图1-4所示。

图1-4　方法论的应用时机

如果我们发现事物连应有状态都没有时，我们可能遇到的是冲突而不是问题。因为解决问题就如治病救人，需要有正常人的生理指标作为应有状态，否则我们无法根据实际状态与应有状态的偏差大小来分析病因是什么，而且偏差大小也会影响我们设计或选择最佳的解决方法。

此时，我们建议大家可以先使用冲突管理和冲突处理的方法去应对（期待能在后续的系列丛书中分享冲突管理和冲突处理的方法），而不是直接采用此书中问题分析和解决的方法和工具。**我们可以先尝试使用冲突管理的方法来管控分歧，随后用冲突处理的方法或具有影响力的手段使得相关方认同和接受新的应有状态，最后再使用本书分享的问题分析和解决的结构化的方法论，把我们关心的事物从当下的实际现状调整到大家认同或者说是妥协后的应有状态。**

杰克餐厅：又见山姆

在本系列丛书的第一本《逻辑表达：高效沟通的金字塔思维》中曾提及的一系列职场案例的主角山姆（Sam），大学毕业后入职一家世界500强公司，这家公司以企业咨询业务为主。山姆的奶奶送给山姆一个只有拳头大小且模样呆萌的智能机器人"脑门"（Norman）。踏入职场后的山姆在工作中遇到了各种任务和挑战，如协调多部门例会时间，选择合作伙伴，管理人力资源项目，组建项目团队，甚至策划业务营销提案等。智能机器人"脑门"

及时地给予山姆很多非常好的建议，帮助山姆成功应对职场中不断遇到的挑战。

一晃4年过去了，山姆已经从一个职场新人成长为这家世界500强公司咨询事业部的项目经理。最近，他的项目团队接到了一个客户的咨询需求。

本市有一家著名的连锁餐厅——杰克餐厅，这家连锁餐厅已经有超过15年的历史。杰克餐厅的选址一般都紧邻商业中心或居住区。此次提出咨询需求的门店位于办公园区内，其价格适中，主要的经营对象是工作日中午或者傍晚的商务用餐者。

餐厅的营业时间是在工作日的上午11点到晚上11点，

周末不营业。用餐高峰集中在上午11点半到下午2点，以及晚上6点到9点。用餐区有许多小桌，可以应对一两个或三四个顾客就餐；如果是较多人的聚餐，小桌可以随意地组合起来以便满足需要。顾客到达后，会在大厅排队等候入座，并遵循"先到先招待"的原则。

让这家门店引以为豪的是开业以来的生意一直不错。在用餐高峰时，尽量不让任何一个座位空着，一旦客人吃完离开，空下来的餐桌就会被迅速收拾干净并重新布置，排队等候的顾客就能马上入座，然后开始点菜。餐厅的菜肴非常美味，但菜品选择比较少，一直有顾客建议增加一些新菜；也有顾客抱怨这里不是一个安静、浪漫或者适合聊天谈事的地方。

在过去的两三个季度里，可能是忽视了什么问题，在餐厅就餐的顾客数量和餐厅的营业收入出现了停滞。而且最近顾客对于餐厅的菜肴和服务的评价都比以往要差。

鲍勃是这家餐厅的老板，他找到了山姆的咨询公司寻求帮助。部门领导静姐希望山姆的团队能接手这个案子，尽快拿出对策解决餐厅出现的问题。

2

选定问题：4个步骤

选定问题其实是一个过程,可以分为以下 4 个步骤:

第一,客观地辨别问题;

第二,彻底地探究问题;

第三,仔细地选择问题;

第四,清晰地陈述问题。

1.为什么先要"客观地辨别问题"呢?

因为人们在辨别和研究问题时,容易带有**主观性**、**片面性**和**表面性**。

人们在辨别和研究问题时带有**主观性**,是因为人们会很自然地从自身的立场和利益出发来看问题,所以每个人辨别出的问题可能是不一样的。

比如产品质量出了问题或项目延误了,一般不会有部门先承认是自己部门的问题。制造部门可能会认为是生产工艺的问题；生产技术部门会争辩说怎么可能是生产工艺的问题，可能是产品设计的问题；而研发部门会说这个问题不可能是我们研发造成的，我们觉得应该是原料供应商或设备供应商的问题；这时采购部门跳出来了，不承认是供应商的问题，可能把问题再次推给其他部门……

每个部门都会说这个问题不是自己部门造成的，因为它们有各自部门的立场和利益。

除了所在部门的立场和利益，参与问题解决的人员可能还有个人的立场和利益。

当人力资源部门对员工进行满意度调研时，很难想象员工会反馈"对当前的薪水非常满意"或者"当前的薪水超出了自己的期望"，员工出于自己的利益角度一般会给出"对当前的薪水不满意"或"当前的薪水低于自己的期望"的反馈。

片面性是因为人们不能全面地看待问题。

片面性一方面可能与当事人所处的职位和职级有关，获取的信息不全面、不完整、不充分；另一方面也可能与当事人的思维习惯和知识技能的局限性有关，急于下结论而缺乏足够的观察、分析、思考。片面性是非常容易犯的错误，"井底之蛙""盲人摸象"的寓言故事无一不是在提醒人们不要犯片面性的错误。如何通过多观察、多探究、多分析来尽量避免片面地看问题？本书在后续章节里会分享给读者们一些方法。

从哲学角度来讲，片面性不能绝对避免，因为每个人都有感官的局限性、思维的局限性和思想的局限性，它们的相互作用会导致我们感知的片面性。我们只有承认自己的片面性，才能减少片面性对我们的影响。有时候，我觉得这个认知很有趣。所以虽然我在本书中提出的问题分析和解决的方法论是结构化的、相对完备的，但是本质上我也是在用自己有限的知识理解去描述和分享"问题分析和解决"这一有规律可循的事。

表面性的错误最容易被人忽视，人们最容易看到的是问题的表象，而不是问题的本质。因为人脑的思考需要消耗能量，所以人脑当然喜欢能量消耗低的无须复杂思考的"快思维"。"瓶子下有水是瓶子漏了"或"业务下滑是受疫情的影响"，这种所谓的"快思维"甚至可以简单到直觉反应，类似于"1+1=2"。

如果需要深入分析问题，层层追问，并在过程中使用各种分析工具去认知问题的本质，自然会消耗大脑的能量，那么，这一定不是人脑这一组织结构的首选。客观地讲，只有受过科学训练的人脑才能主动选择这种耗费脑力的"慢思维"。

"为什么昨天瓶子下面没水？""疫情防控期间，为什么有些同行的业务量是上涨的？""为什么短视频直播和社群经济等行业的业务状态很好？"……

洞悉本质，才能无惑！

我们通常陈述的问题，可能有些是真问题，而有些是假问题。

真问题接近本质、靠近底层逻辑、关注主要矛盾。假问题只看见表面，回避了真正的矛盾或未发现主要矛盾。

在本书 2.1 节"辨别问题：2 个状态 3 种定义"中，我们会与各位读者分享如何客观、全面地辨别问题。

2.为什么需要"彻底地探究问题"呢？

在感知问题的初期时，我们对问题的了解可能是模糊的、不完整的，所以需要进一步地探究问题，去获取所关注的问题在关于何事（本体）、何处（位置）、何时（时间）及范围（大小）等方面的更加明确和具体的信息。

比如，很多企业关心的"员工流失率高"就是一个模糊的问题陈述。是哪些岗位的员工流失率高？流失的员工具有哪些特征？是哪些区域的员工容易流失？流失的时间一般是在哪几个月份？这个问题持续多久了？我们的流失率比同行高多少？……

我近几年给一些多品牌的集团讲课，比如美妆行业、奢侈品行业和汽车行业，经常听到学员在讨论公司里的"内卷"问题。

内卷，原指一类文化模式达到了某种最终的形态以后，既没有办法稳定下来，也没有办法转变为新的形态，而只能不断地在内部变得更加复杂的现象。经网络流传，其常被用来指代非理性的内部竞争或"非自愿"竞争。现指同行间竞相付出更多努力以争夺有限资源，从而导致个体"收益努力比"下降的现象。

其实"内卷"也是一个模糊的问题陈述，需要进一步在行业特征、有限资源、如何争夺等现状上多多探究。

有一句电影台词说道："看见一座山，就想知道山的后面是什么。"这也是我们探究问题的态度。只有负责任地去调研问题，才能看到更多的信息，更好地了解问题。当然在这一过程中需要一些方法来帮助我们进行彻底的问题探究，以提高探究问题的深度和广度。

在本书2.2节"探究问题：深度与广度"中，我们会分享与探究问题相关的两个方法，它们分别侧重于探究问题的深度与广度。

3.为什么再要"仔细地选择问题"呢？

我们在工作中和生活中对问题的感知刚开始时可能是模糊的、不完整的，问题本身也可能是复杂的。我喜欢把这个阶段感知到的问题称为模糊且复杂的问题群。

基于毛主席《矛盾论》中的思想，当有多数矛盾存在时，其中必定有一种是主要的，起着领导的、决定的作用，其他则处于次要和服从的地位。因此当我们分析问题群时，就应该全力找出该问题群的主要矛盾，即主要问题，并聚焦于先解决主要问题。

英文"聚焦"

比如"员工流失率高"就是一个模糊且复杂的问题群。管理层的流失和一线员工的流失可能是不同的问题,办公室员工流失与外派员工流失可能也是不同的问题。这个问题群里可能还有行业发展、企业文化、企业管理、薪资福利、员工发展、员工心态等各种问题。

我之前曾经合作过一家全球500强日企,他们也遇到了"员工流失率高"的问题。通过对问题群的探究和分析,我们选出的主要问题是"制造部20岁至25岁男性作业员流失率高"。通过进一步分析,我们找到了这个主要问题的原因是"在工作所在地不好找女友",之后学员们通过本书介绍的思维技巧创造性地找到了解决方法,实施后效果很好,男性作业员流失率恢复到企业所在区域的平均值以下。这个案例,我会在本书3.2节"确定最有可能的起因:5种方法"的要点3.2.2"相互关系有向图ID"里进一步说明,大家会发现在找到了主要问题的真正原因后再去想解决方法,才是精准的解决路径。

之前提及的"内卷"问题,在探究之后,我们可能也会发现这是个问题群。我们需要仔细和科学地分析这个问题群,遴选出对企业运营和发展影响最大的主要问题。

关于如何科学地从模糊的问题群中选出主要问题,在本书2.3节"选择问题:见招拆招"中,我们会与各位读者分享3个实用的方法,并希望各位读者以后可以灵活地组合使用。

4.为什么还要"清晰地陈述问题"呢?

英语中有句名言"A problem well stated is a problem half solved",它的意思是"清晰地陈述问题,就已经解决了一半的问题"。

因为问题陈述是否清晰直接影响到问题分析和解决的方向正确与否。我们不希望看到一个问题的陈述是笼统的、模糊的、发散的或者带有假设性的。尤其是假设性的信息会误导整个问题分析和解决的方向,是非常不可取的。

在本书2.4节"陈述问题"中,我们会介绍"清晰地陈述问题"的4个原则。

如图2-1所示,选定问题的前3个步骤"客观地辨别问题"、"彻底地探究问题"和"仔细地选择问题"是为了确保从问题群里选对主要问题,第四步"清晰地陈述问题"是为了把选出的问题讲清楚和定下来。

图2-1 选定问题

2.1 辨别问题：2个状态3种定义

西方的"问题"一词源于希腊语，原本的意思是现实与希望之间的差距是什么。

辨别问题的过程就是人在头脑里将观察到的正在发生的现实情况（本书称之为"实际状况"）与希望的状态相比较，并识别两者之间的差距。

通过对"希望的状态"一词的不同理解，我们给出了两类问题的3种定义。

● 如果"希望的状态"是当前的应有状态，那么可以定义出第一种问题——"**发生型问题**"，即实际状态和当前应有状态之间的差距。如图2-2的左图所示，实际状态偏离了当前的应有状态，出现了差距。因为差距及所谓的问题已经出现，所以发生型问题属于**被动性问题解决**的类别，就是职场中俗称的"救火"式问题解决类型。

●如果"希望的状态"是将来的应有状态，那么可以定义出第二种问题——"潜在型问题"，即可能恶化的未来状态与应有状态之间的差距。如图2-2的中图所示，虽然当下我们没有发生什么问题，但是未来可能会遇到问题。如果我们现在不解决这种潜在型问题，那么我们在未来可能会因为该问题的发生而受到负面的影响。所以潜在型问题属于**主动性问题解决**的类别，我喜欢称之为前瞻性的问题解决类型。

●如果"希望的状态"是将来的某个理想状态，那么可以定义出第三种问题——"设定型问题"，即未来的实际状态和更好的期望目标之间的差距。如图2-2的右图所示，我们当下没有发生问题，而且实际状态在未来也不会恶化，但是考虑到组织发展的需求，我们给自己设定了一个更好的目标。这种设定型问题的解决，有利于组织达到一个理想的状态（一般都是更好的状态）。所以设定型问题也属于**主动性问题解决**的类别，也是很多企业提倡的主动性的改善活动。

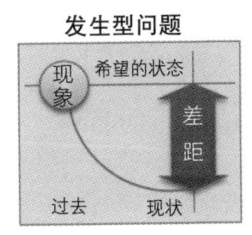

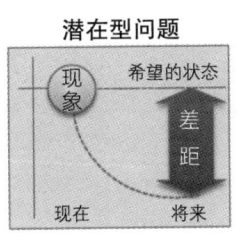

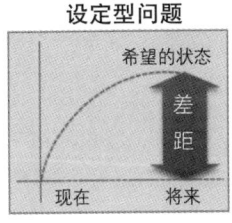

图2-2　问题的3种定义

最近我给一个采购和供应链部门做过一次问题解决培训，有一组学员提出一个希望在课堂上研讨的问题——某单一采购供应商非常强势，我方与其沟通时相对弱势、缺乏影响力。经过初步调研后，我们了解到该供应商生产的油泵技术全球领先，而且是国内唯一一个有新型油泵生产工厂的外企。那么大家认为：这样的供应商相对比较强势是不是属于应有状态呢？我启发学员们思考她们希望的状态是什么。通过课堂引导，学员们认同了希望状态是"满足我方的合理要求"。如果我们把"满足我方的合理要求"作为当前的应有状态，是不是比"沟通上比强势的单一采购供应商更强势"更合理呢？所以通过辨别问题，我们把问题修改为"某单一采购供应商多次不满足我方的合理要求"。

综上所述，辨别问题的前提是对自己"希望的状态"要有清楚的了解。当实际状态或将来状态和"希望的状态"有差别，而你又不明其原因，即表明你遇到了问题。当然实际状态或将来状态和"希望的状态"的差距大小不同，也应该看作是不同的问题。比如"某单一采购供应商今年多次不满足我方的合理要求"和"某单一采购供应商今年拒绝我方的一个合理要求"应该是不同的问题。

2.2 探究问题：深度与广度

有时我们辨别出的问题是比较模糊的，而且我们对问题的了解可能也是不完整的，所以需要我们去进一步地探究问题。

通过彻底的探究从而掌握正确的信息，是有效解决问题的关键。我给出下面这个公式以强调信息正确的重要性：

正确的信息＋结构化的方法＝解决问题

你可以想象一下：在提供给刑警的证据都是伪证的情况下，刑警还能破案吗？我想再好的刑警对此也是一筹莫展的。而且错误的信息甚至会误导问题分析的方向。比如凶手明明是个男的，但有错误的信息提示凶手是女的，刑警如果无法识别错误的信息，那么极有可能被误导。虽然案发现场留有的信息不多，但是只要有个指纹或血迹是真正的凶手留下的，那么这个案件还是可以被侦破的。

对于问题的分析也是如此，**信息的正确与否比所谓的信息完整性更重要**。

有效的提问可以帮助我们得到正确的和尽可能全面的信息，并且我们还需要对提问后收集到的信息进行分类和分析。

☐ 提正确的问题；
☐ 在正确的时间提问；
☐ 向正确的人员提问；
☐ 开放式提问：收集或澄清新的信息；
☐ 限制性问题：检查答案，并表示你理解答案。

在探究环节，我们推荐 2 种提问方法，即：

☐ 通过透彻性提问，了解问题的背景和现状（具体见 2.2.1）。
☐ 要了解问题关于何事（本体）、何处（位置）、何时（时间）以及问题的范围（大小）等，我们可以用 "是" 和 "而不是" 这两类问题来获得更加明确、具体的信息（关于这两类问题的介绍，具体见2.2.2）。

透彻性提问法侧重于探究问题关联信息的深度，而 "是"

和"而不是"这两类问题则侧重于探究问题关联信息的广度。

2.2.1 透彻性提问法

透彻性提问法是指在探究问题时，提出一些紧跟式问题以获得更具体、更深入的信息。为了较快地形成层层追问，建议使用上个问题的回答中的关键词来形成下个问题并询问。

先举一个相对简单的探究零件机加工问题的例子。

- 提问："出现问题的客观体或客观体群是什么？"
- 回答："<u>零件</u>。"
- 提问："哪种零件？"
- 回答："<u>钢件</u>。"
- 提问："哪种钢件？"
- 回答："我们只生产一种<u>钢件</u>。"
- 提问："钢件有什么问题？"
- 回答："上面被冲出了<u>孔</u>。"
- 提问："什么样的孔？"
- 回答："<u>圆孔</u>。"
- 提问："什么样的圆孔？"
- 回答："直径3/4英寸（约2厘米）的圆孔。"

从这个示例中，你们可以发现层层提问是如何形成的，就是用上一个提问的回答中的关键词（已经加下划线标注）再造疑问句。就这样不断地追问，把问题越问越具体。

让我们再通过一个与我合作多年的全球著名运动品牌的问题探究来巩固一下透彻性提问法。我们同样加下划线标注了形成追问的关键词。

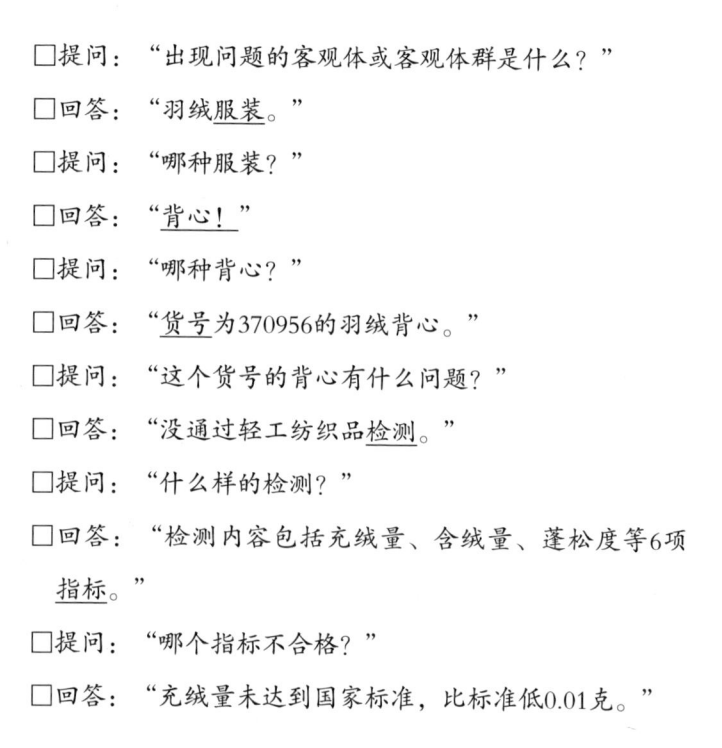

- 提问："出现问题的客观体或客观体群是什么？"
- 回答："羽绒服装。"
- 提问："哪种服装？"
- 回答："背心！"
- 提问："哪种背心？"
- 回答："货号为370956的羽绒背心。"
- 提问："这个货号的背心有什么问题？"
- 回答："没通过轻工纺织品检测。"
- 提问："什么样的检测？"
- 回答："检测内容包括充绒量、含绒量、蓬松度等6项指标。"
- 提问："哪个指标不合格？"
- 回答："充绒量未达到国家标准，比标准低0.01克。"

利用透彻性提问法，我们对羽绒服装的质量问题越问越具体、越问越深入。在上面的示例中，如果需要继续追问，您会怎么追问呢？

对！您可以问："国家标准是多少？"或"充绒量是什么？"

仔细的读者可能已经发现，透彻性提问法一般使用的都是开放式提问。

在使用透彻性提问法时，要注意提出的问题必须是引导出客观信息的，而不是诱导对方进行主观猜测的。

比如，"为什么充绒量未达到国家标准，比标准低 0.01 克"就不是一个好问题。因为这个提问有可能会导致对方猜测起因，如果对方猜错了起因，那么整个问题分析的方向就可能被误导。

那您觉得"如何使充绒量达到国家标准"这个问题可以问吗？

这个提问也不恰当。因为这个提问有可能会导致对方猜测解决方法，一样可能误导我们的问题分析。

在探究问题阶段，我们不建议大家去猜测起因或解决方法，因为我们连问题是什么都还没搞清楚。有关起因的提问，我们可以到分析起因的时候再问；有关解决方法的提问，我们可以到寻找解决方法的环节再问。如果提问的时机早了，那可能就是一个错误的提问，而错误的提问往往会带来错误的信息。

这就是本节开场白中提到的"提出正确的问题"和"在正确的时间提问"。

为什么说透彻性提问法侧重于探究问题信息的深度，而不能确保探究问题信息的广度呢？因为透彻性提问法依赖于回答问题者提供信息的意愿度，如果回答者愿意多分享一些信息，那么我们就可以多获取一些与问题相关的信息。比如之前羽绒服装示例中的提问。

☐ 提问："什么样的检测？"
☐ 回答："检测内容包括充绒量、含绒量、蓬松度等6项指标。"

检测内容有6项指标，但回答者只提及了3项。

所以我们可以使用"是"和"而不是"两类问题来保证探究问题相关信息的广度。"是"类问题询问的是出现问题的客观体，问题发生的时间、地点及范围等信息；"而不是"类问题询问的则是可能出现但并没有出现的情况。

2.2.2 "是"和"而不是"两类问题

"是"和"而不是"两类问题会从4个方面 [何事（本体）、何处（位置）、何时（时间）及范围（大小）] 去收集信息。它不但会调研出现问题的客观体或客观群体，即"是"项的问题；而且它也会去调研可能出现但并没有出现问题的客观体或客观群体，即"而不是"项的问题。如表2-1所示。

为什么从【何事（本体）、何处（位置）、何时（时间）

及范围（大小）】这 4 个方面去收集信息呢？

因为一些咨询公司做了大量的问题解决的成功案例回溯，发现这些信息往往可以把我们引导到问题的起因上。

打个比方，刑警们发现指纹、血迹、DNA、人脸识别这些信息有助于我们排查凶手，那么我们就应该在现场去收集这些信息。

所以我们可以把"是"和"而不是"两类问题叫作"最佳探究问题谱"。

表2-1 "是"和"而不是"的两类问题

四个方面	是	而不是
何事	出现问题的客观体或客观群体是什么？	哪一个客观体或客观群体可能出现问题，但并没有出现问题？
	它或它们有什么问题？	它或它们可能会有，但并没有的问题是什么？
何处	问题被发现时，该客观体的具体地理位置在哪里？	问题被发现时，该客观体可能处于，但并没有处于的位置是哪里？
	问题出现在该客观体上何处？	问题可能出现在，但并没有出现在客观体上何处？

（续表）

四个方面	是	而不是
何时	最初发现问题是在何时？（日期，时间）	最初发现问题可能在，但并没有在何时？（日期，时间）
	问题何时被再次发现（日期，时间）？有什么发生规律？	问题何时可能被再次发现，但并没有被发现？（日期，时间）
	在客观体的历史和全过程中，问题何时被最先发现？	在客观体的历史和全过程中，问题何时可能被最先发现，但并没有被发现？
范围	有多少个客观体有问题？	有多少个客观体可能会有，但并没有问题？
	一个单一缺陷有多大？	一个单一缺陷可能会有多大，但并没有那么大？
	一个客观体上有多少瑕疵和缺陷？	一个客观体上可能会有，但并没有多少瑕疵和缺陷？
	发展趋势是什么（就客观体而言）（就缺陷而言）？	可能会有，但并没有的发展趋势是什么？

为什么要问"而不是"项里的问题?

☐ 这种探究问题的方法如同医生在望闻问切时会询问患者"哪里疼""哪里不疼"。"哪里疼"类似于"是"类问题,"哪里不疼"类似于"而不是"类问题。
☐ "而不是"项有助于你澄清"是"项问题的答案。
☐ "而不是"项有助于显示问题的界限,并将我们引向问题的起因。

让我们通过"庞迪克车对香草冰激凌过敏"这一案例来熟悉一下"是"和"而不是"两类问题的探究方法。

这是一个发生在美国通用汽车的客户与该公司客户服务部之间的真实故事。有一天,通用汽车庞迪克分部收到了一封投诉信:

"这是我第二次给你们写信了,我没有因为之前你们没答复我而责怪你们,因为我自己感觉都有点疯狂。但我以下说的都是事实:我家有个习惯,每天晚餐后一家人喜欢一起吃冰激凌作为甜点,但每天吃的种类不同。每天吃完饭后,我们全家人会投票决定今晚吃的种类,然后我开车去商店买。我最近买了一辆新庞迪克车之后,遇到了新车无法启动的问题。每次买好香草冰激凌,当我准备从商店返回家时，我的车就不能点火。如果我买其他种类的冰激凌，车就可以正常启动。我希望你们能理解，不论这事听上去多么愚蠢，我都是很严肃地提出这个问题的：'是什么原因使我买香草冰激凌时庞迪克车不能启动，而在买其他种类冰激凌的时候车容易启动？'"

尽管庞迪克总裁对这封信里反映的问题持有一些怀疑，但还是派了一名工程师去核实此事。晚饭后他们见了面，这位工程师很惊讶地发现欢迎他的是一位住在高档社区里且明显受过良好教育的成功人士。他俩跳上汽车驶向家附近的冰激凌商店。这晚买的是香草冰激凌，果不其然，他们回到车里后，车不能启动。

这个工程师又去了3个晚上。第一晚，买巧克力口味的冰激凌，车启动了。第二晚，买草莓口味的冰激凌，车可以启动。第三晚，买了香草口味的冰激凌，车又不能启动。

如果用"是"和"而不是"两类问题去探究上面这个案例，得到的"最佳探究问题谱"如表2-2所示。

表2-2　用"是"和"而不是"的两类问题探究
"庞迪克车对香草冰激凌过敏"案例

四个方面	是	而不是
何事	出现问题的客观体或客观群体是什么？	哪一个客观体或客观群体可能出现问题，但并没有出现问题？
	庞迪克车	其他通用品牌，如别克、雪佛莱等
	它或它们有什么问题？	它或它们可能会有，但并没有的问题是什么？
	买香草冰激凌之后汽车无法启动	买其他口味冰激凌就没有问题
何处	问题被发现时，该客观体的具体地理位置在哪里？	问题被发现时，该客观体可能处于，但并没有处于的位置是哪里？
	家附近的冰激凌商店门口	家门口、其他商店门口……
	问题出现在该客观体上何处？	问题可能出现在，但并没有出现在客观体何处？
	启动装置	轮胎、车门、刹车、音响系统……
何时	最初发现问题是在何时？（日期，时间）	最初发现问题可能在，但并没有在何时？（日期，时间）
	第一次在家附近的冰激凌商店买香草口味冰激凌	第一次试车时，第一次停车后，第一次加油时，周末在超市里买同品牌的香草口味冰激凌时
	问题何时被再次发现（日期，时间）？有什么发生规律？	问题何时可能被再次发现，但并没有被发现？（日期，时间）
	每次在家附近的冰激凌商店买香草口味冰激凌	N.A.（没有答案）
	在客观体的历史和全过程中，问题何时被最先发现？	在客观体的历史和全过程中，问题何时可能被最先发现，但并没有被发现？
	离开冰激凌商店后启动车	出门启动车

（续表）

四个方面	是	而不是
范围	有多少个客观体有问题？	有多少个客观体可能会有，但并没有问题？
	1	N.A.（没有答案）
	一个单一缺陷有多大？	一个单一缺陷可能还有多大，但并没有那么大？
	启动不了，需要等待一会才可以启动	不是一直启动不了
	一个客观体上有多少瑕疵和缺陷？	一个客观体上可能会有，但并没有多少瑕疵和缺陷？
	N.A.（没有答案）	N.A.（没有答案）
	发展趋势是什么（就客观体而言）（就缺陷而言）？	可能会有，但并没有的发展趋势是什么？
	保持不变	减轻，加剧

在按照4个方面（何事、何处、何时及范围）对"是"项和"而不是"项的问题进行探究之后，问题的轮廓和边界清晰了起来。经常使用这个"最佳探究问题谱"，我们会对因此而获得的信息感到吃惊。

您可能还在疑惑："庞迪克车对香草冰激凌过敏"是什么原因造成的呢？我们会在第三章"起因分析：3个挑战"的相关3.2节"确定最有可能的起因：5种方法"和3.3节"验证真正的起因：定量或定性分析"里逐步展开深入的分析。

在探究问题时，要有聆听技巧：

2 选定问题：4个步骤

☐ 不打岔；

☐ 问对问题；

☐ 确认你的理解；

☐ 记笔记；

☐ 注重非语言的交流；

☐ 就观感做出回应；

☐ 同理心——和对方站在相同立场上。

在我们的日常工作中，尤其容易发生打岔的现象。一些伙伴在听到信息提供者的信息有部分是自己知道的时候，就容易打岔说："这事某某和我提过。"那么，信息提供者会误以为你已经了解了所有信息而选择不讲下去了，但很可能这位信息提供者未分享出来的信息对问题分析是至关重要的。

2.3 选择问题：见招拆招

问题一经探究，就可能演变成一个模糊且复杂的问题群。所以，需要我们先找出该问题群的主要问题，并聚焦于先解决主要问题。

我曾帮助过一家全球知名的数码产品公司去减少客户的抱怨次数。初期要解决的问题是"减少客户抱怨次数"。学员们经过探究，发现有多种客户抱怨的类型："售后应对不及时""送修时间长""返修率高""现场支持工程师（Field Service Engineer，FSE）能力差""无延保制度""维修人员少""装机报告不全""库存不全"，等等。

这时，有哪些方法可以帮助我们遴选出主要问题呢？如图2-3所示，如果工作中有数据且数据是真实准确的，我们建议使用柏拉图分析；如果缺乏与问题相关的数据，但问题群里的问题是有相互影响的关联逻辑的，我们建议使用相互关系有向图，即 ID 图分析；如果没数据且问题之间也无相互影响的逻辑关系，则可以考虑使用选择矩阵来分析。这就是所谓的见招拆招。

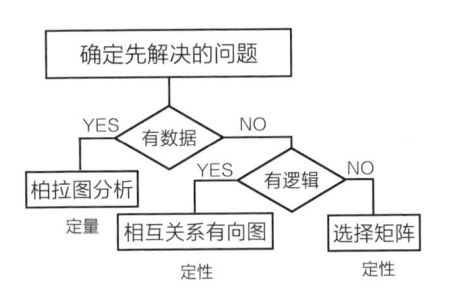

图2-3　遴选出主要问题的方法

2.3.1　柏拉图分析

"柏拉图"也会被音译成帕累托图（Pareto chart），是19世纪经济学家维尔法度·柏拉图首创的，目的是把一大堆数据重组，排列成有意义的图表，从而指出问题的主次关系。

柏拉图分析与柏拉图原则的观点是一致的，该观点认为大约80%的后果是由20%的问题造成的。即使在我们的个人生活中，也很容易想到类似的例子。例如，在西方资本主义国家中，80%的财富被20%的资本家掌握着；我们每天80%的工作价值可能只来自那20%的工作；80%的时间你常穿的那几件衣服只占所有买的衣服的20%。我们通过所谓的柏拉图分析，就是要找到产生80%后果的那几个主要问题。

以上文提到的数码产品公司减少客户抱怨次数的案例为例。

我们选取与问题相关的"抱怨类型"为横轴，以"抱怨次数"为左侧的纵轴，按抱怨次数从高到低（"其他类型"放最后）依次画出各抱怨类型的柱状图，即每个抱怨类型的柱子的高度为这一类型的抱怨次数。在完成直方图之后，从左至右累加每个抱怨类型的次数并计算所累计的次数占到抱怨总数的百分比，以右侧的百分比为纵轴，把这些不断累计出来的百分比连成一条折线，最后此折线会趋于100%，如图2-4所示。

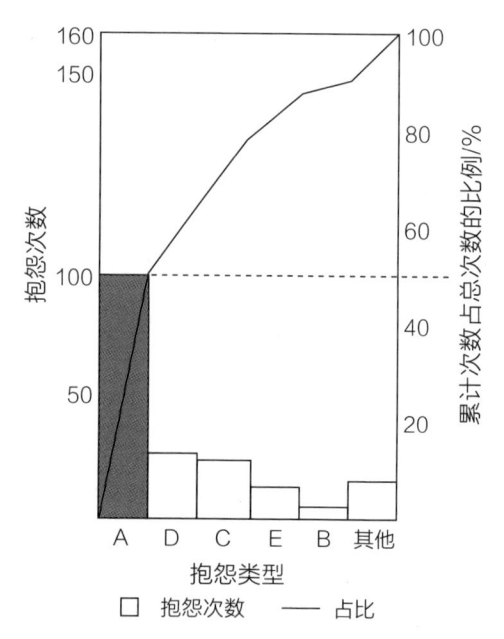

图2-4 减少客户抱怨次数的柏拉图分析-1

如图2-5所示，如果我们期待减少60%的客户抱怨数量，那么问题 A 和问题 D 都应该解决。即问题 A 和问题 D 为此次待解决的"顾客抱怨"问题群的主要问题,这两个问题都要解决。

如图 2-5 所示,如果我们期待要减少 80% 的客户抱怨数量,那么问题 A、问题 D 和问题 C 都应该解决。即问题 A、D、C 为此次待解决的"顾客抱怨"问题群的主要问题,这 3 个问题都要解决。

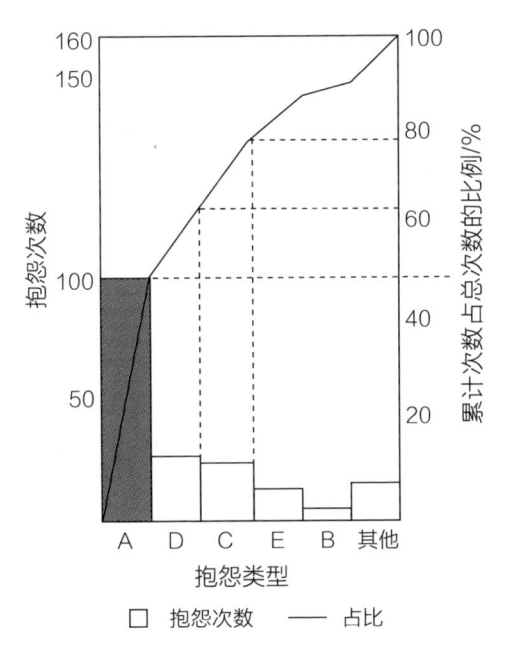

图2-5 减少客户抱怨次数的柏拉图分析-2

柏拉图分析可帮助您专注于最重要的那几个问题,旨在将"次要的""琐碎的"问题与"主要问题"区分开来。

当柏拉图分析中各类型的数据大小基本一致，即各类型的柱状图基本齐平时，说明横轴选择的维度与左侧纵轴的问题关联性不大。

多次的柏拉图分析，可以帮助你从诸多问题或模糊的问题群中找到主要问题。进行数据分析时，维度选择的先后次序不影响分析结果。在与本节相关的案例"杰克餐厅：选定问题"中会有更详细的示例说明。

柏拉图分析是以客观的数据分析为依据的，所以这样的决策比较客观。

2.3.2 相互关系有向图

相互关系有向图，英文叫interrelationship digraph，简称ID图。这是一种系统地识别和分析问题群中的因果关系，找出主要驱动性问题和主要后果的分析方法。

具体操作如下：

- 列出问题群中的所有问题；
- 寻找因果关系或相互影响关系，并用有向箭头标明（B→A表示：B导致A或B影响A）；
- 统计每个问题的流出和流入的箭头数目；
- 最大流出箭头数目的问题为主要驱动性问题；
- 最大流入箭头数目的问题为主要后果。

在寻找因果关系或相互影响关系时，我们允许出现双向箭头，表示问题 A 与问题 B 之间是相互影响的。比如"工作量大"与"流失率高"就是双向箭头："工作量大"会导致"流失率高"，而"流失率高"也会导致仍然在职的员工"工作量变大"。

以上文提到的数码产品公司减少客户抱怨次数的案例为例，如图 2-6 所示。

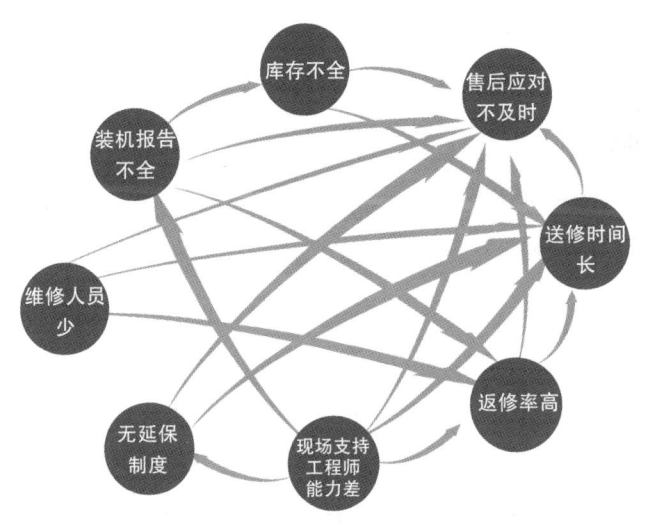

图2-6 相互关系有向图示例

首先列出问题群"客户抱怨"中的所有问题："售后应对不及时""送修时间长""返修率高""现场支持工程师能力差""无延保制度""维修人员少""装机报告不全""库存不全"。

之后，我们分析所列问题之间的两两关系。例如，是"送修时间长"的问题导致或影响到了"售后应对不及时"的问题，那么箭头是从"送修时间长"指向"售后应对不及时"。

依次遍历相互关系有向图中的所有两两关系。

记录每个问题的流出和流入的箭头数目，比如："售后应对不及时"问题有7个流入箭头，没有流出箭头；"现场支持工程师能力差"问题有5个流出箭头，没有流入箭头。

那么这个问题群的主要驱动性问题是"现场支持工程师能力差"，我们看到的主要后果是"售后应对不及时"。

我们应该选择先解决主要驱动性问题，而不是主要后果对应的问题。

如果我们先去解决主要后果"售后应对不及时"问题，那么在这个案例中，只要其他7个问题中的任何一个发生，"售后应对不及时"都会恶化，所以解决"售后应对不及时"的效果不会很好。

如果我们先去解决主要驱动性问题"现场支持工程师能力差"，那么通过5个流出箭头，我们可以发现"售后应对不及时""送修时间长""返修率高""无延保制度"和"装机报告不全"这5个问题都会趋于好转，而且这些问题的好转还会继续积极地影响整个问题群。也就是说，先解决流出箭头多的主要驱动性问题会带来更多的良性"并发"效果！

2.3.3 选择矩阵

柏拉图分析需要真实准确的数据，相互关系有向图需要问题群之间的问题存在相互影响的逻辑关系,如果缺乏与问题相关的数据且问题之间也无相互影响的逻辑关系时,怎么办呢?我们建议大家可以使用选择矩阵(selection matrix)这种分析工具。

选择矩阵,也叫作优先级矩阵(prioritization matrix)。

当我们面对多个可选的问题,需要权衡各种利弊做出选择时,我们可以应用选择矩阵帮助我们进行理性决策。

在选择矩阵的横轴上,我们会罗列一些与决策相关的选择标准(selection criteria)。选择标准可以是该问题的利益相关方的关注点和顾虑。常见的选择标准有:

☐ 预期可获得的成果;

☐ 销售收入/销量;

☐ 成本;

☐ 利润;

☐ 紧迫性、严重性和影响范围;

☐ 当前的困难;

☐ 可利用的资源;

☐ 方案的见效时间;

☐ 趋势:恶化,维持原状,好转/消退;

……

当然,选择标准不限于以上所列内容。一般在使用选择矩阵时，选择标准以 3 个至 6 个为宜，列在矩阵的横行，而在选择矩阵的纵列上排列的就是问题群里的各个问题，如表 2-3 所示。

表2-3　选择矩阵

问题序号	选择标准 1	选择标准 2	……	总分	优先级
问题 1					
问题 2					
问题 3					
……					

在具体分析过程中，我们会根据横行的每一个选择标准，对所有的问题进行纵向打分。纵向打分时，根据选择标准判断各个问题的优先级，可以打"高""中""低"，也可以打"3""2""1"分。例如，问题的"预期可获得的成果"越大，解决的优先级越高，得分也越高；解决该问题的"成本"越大，解决的优先级越低，得分也越低。打分与选择标准有时是成正比的，有时是成反比的。

如果纵列上有 4 个问题，你当然也可以打"4""3""2""1"分。一般纵列上的问题数量大于等于 5 个时，我们打分时可以将若干个"3"分给予优先级高的问题，将若干个"1"分给予优先级低的问题，其余的问题给"2"分。

当我们针对每一个选择标准，对所有的问题进行纵向打分时，就是在考虑在这一选择标准下到底哪个问题优先。最后横向算出每一个问题的总得分，得分最高的问题应该就是最好地兼顾了所有选择标准的最值得解决的问题。如表2-4所示。

表2-4 选择矩阵之示例

问题序号	选择标准1	选择标准2	选择标准3	总分	优先级
问题1	2	1	1	4	3
问题2	1	3	2	6	2
问题3	3	2	3	8	1

可能有读者会思考是否需要给选择标准匹配对应的权重。如果在考虑每个选择标准下哪个问题优先时是基于感性的判断而不是客观数据，此时的选择矩阵分析的本质是定性分析方法。在定性分析时，本书不推荐给每个选择标准匹配权重值，因为权重的引入不会提高选择矩阵的精度。此时选择矩阵的分析精度是由考虑每个选择标准下哪个问题优先时的感性判断决定的！

使用选择矩阵的好处是显而易见的。通过选择矩阵的分析，可以在较短时间里获取利益相关方对于问题解决的先后次序的认同感。因为大家都知道这个决定兼顾了所有的选择标准，即所有利益相关方的关注点和顾虑。

在以后的工作中，希望各位读者可以活学活用柏拉图分析、相互关系有向图和选择矩阵，并能尝试组合使用。比如可以通过相互关系有向图先确定数据收集的方向，然后再根据收集到的数据来做柏拉图分析；也可以先做相互关系有向图分析，然后把流出箭头较多的几个问题纳入选择矩阵去讨论分析。

杰克餐厅：选定问题

山姆接手杰克餐厅的咨询项目后，先与这家餐厅的老板鲍勃沟通了一次。鲍勃把减少顾客抱怨次数作为首要问题，因为他认为顾客的口碑对于餐饮行业非常重要。餐饮业有其行业的特殊性，真正美味的菜肴、良好的就餐环境和餐饮服务都需要通过口碑传播，尤其是当前的网络口碑营销对一个餐馆的知名度、客流量和翻台率是十分重要的。

山姆与鲍勃沟通后，感觉"减少顾客抱怨次数"是一个模糊的问题群，不知道从何处下手，所以他决定还是先和自己的智能机器人"脑门"讨论一番。

"脑门，我有个项目想和你讨论一下。"山姆开始向智能机器人"脑门"请教。

机器人"脑门"问道："什么项目？说吧，山姆。"

山姆描述了一下杰克餐厅的相关情况，然后问"脑门"："餐厅老板鲍勃给的减少顾客抱怨次数的工作方向是不是有点模糊？是模糊的问题群吧？"

当"脑门"开始思考的时候，黑眼圈上的白色眼眶灯和黑轮子上的蓝色轮毂灯都会闪烁起来。"脑门"开始分享自己的思路："当我们需要从模糊的问题群里遴选出主要问题时，可以参考使用如下3个方法。如果工作中有数据且数据是真实准确的，建议使用柏拉图分析；如果缺乏与问题相关的数据,但问题群里的问题是有相互影响的关联逻辑的,建议使用相互关系有向图,即ID图分析;如果没有数据且问题之间也无相互影响的逻辑关系,可以考虑使用选择矩阵来分析。"

"'脑门',如果让你选,你会先考虑哪个方法呢?"山姆感觉没什么思路,所以继续追问。

"如果有数据,用柏拉图分析会更客观、更有说服力。"智能机器人"脑门"边说边原地转着它的两个轮子,蓝色轮毂灯也闪烁着,像是在系统里搜索着什么。

"好的,那我们就先去看看能否拿到一些和顾客抱怨次数相关的数据。"山姆撸了撸袖子,似乎要开干似的。

在随后的 4 周里,山姆对顾客进行了问卷调查,并从中整理出 4 周的数据,汇总成如表 2-5 所示的抱怨数据检查表。

表2-5 抱怨数据检查表

序号	星期	午餐/晚餐	抱怨类别
1	2	1	1
2	5	2	2
3	4	1	1
4	2	1	2
5	5	1	3
6	1	1	4
7	5	1	5
8	2	1	3
9	5	1	5
10	2	1	4

（续表）

序号	星期	午餐/晚餐	抱怨类别
11	5	1	5
12	2	1	4
13	5	1	1
14	3	1	4
15	4	1	4
16	5	1	2
17	5	1	2
18	5	1	2
19	4	1	4
20	3	1	2
21	5	2	2
22	4	1	4
23	5	1	4
24	4	1	5
25	5	1	4
26	4	1	5
27	5	1	4
28	1	1	5
29	5	1	1
30	5	1	1
31	1	1	5
32	5	1	1
33	2	1	5
34	4	1	2
35	2	1	5
36	4	1	2
37	4	2	5
38	5	1	4
39	5	1	4
40	4	2	5

（续表）

序号	星期	午餐/晚餐	抱怨类别
41	5	1	5
42	5	2	5
43	5	1	2
44	5	1	5
45	5	1	5
46	5	1	2
47	5	1	5
48	5	1	2
49	5	1	5
50	3	1	7
51	5	1	8
52	5	2	5
53	5	2	5
54	1	1	6
55	5	1	2
56	5	1	5
57	5	1	5
58	5	1	5
59	5	1	6
60	5	1	7
61	2	1	5
62	2	2	5
63	5	1	7
64	3	1	5
65	4	1	5
66	4	1	5
67	5	1	8
68	5	1	5
69	5	1	5
70	4	1	1

（续表）

序号	星期	午餐/晚餐	抱怨类别
71	4	1	2
72	5	1	5
73	5	1	5
74	5	1	5
75	5	1	5
76	5	1	5
77	5	1	6
78	3	1	5
79	3	1	5
80	5	1	6

以下是检查表各列的说明。

"星期"这列：1＝星期一，2＝星期二，3＝星期三，4＝星期四，5＝星期五。

"午餐/晚餐"这列：1＝午餐，2＝晚餐。

"抱怨类别"这列：1＝服务生不礼貌；2＝上错菜；3＝环境不够好；4＝食物太凉；5＝等待时间太长；6＝饭店太拥挤；7＝食物不新鲜；8＝其他。

智能机器人"脑门"看着这些数据，它的白色眼眶灯也高频率地闪烁了几下。"有了这些数据，你可以先做个柏拉图分析，看看有什么进展。"机器人"脑门"提示道。

山姆回答着："既然餐厅老板鲍勃希望减少顾客抱怨次数，那么我们先将抱怨类型作为横轴画张柏拉图。"

山姆先统计出了抱怨类型的数据，如表2-6所示。基于此，他又画了第一张柏拉图，如图2-7所示。

表2-6 抱怨类型的相关数据

抱怨类型	抱怨次数
1. 服务生不礼貌	7
2. 上错菜	14
3. 环境不够好	2
4. 食物太凉	12
5. 等待时间太长	36
6. 饭店太拥挤	4
7. 食物不新鲜	3
8. 其他	2
合计	80

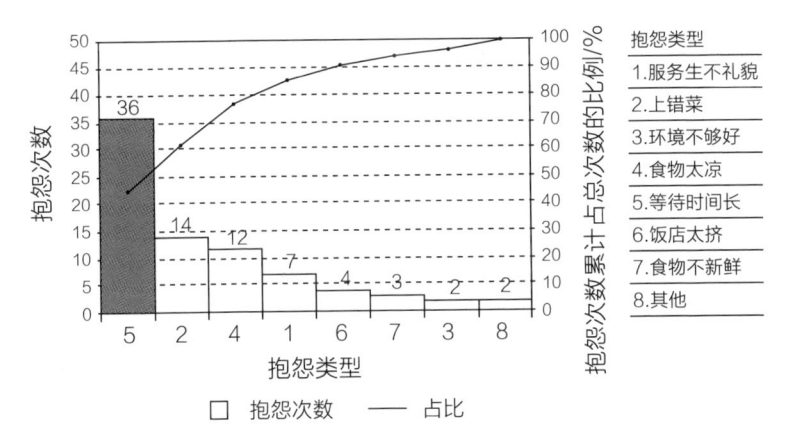

图2-7 关于抱怨类型的柏拉图分析

如图2-7所示，横轴是抱怨类型，左侧纵轴是抱怨次数，柱状图从高到低排列，"其他"项放最后。右侧纵轴是抱怨次数累计所占的百分比，即从左往右不断累加各抱怨类型的次数，所得的和占总次数的百分比，且这个百分比最后一定会是100%。

"通过分析第一张柏拉图，我们可以得出什么结论？"智能机器人"脑门"启发山姆进行思考。

山姆一边思考一边自言自语起来："等待时间太长是主要问题，占抱怨总数的45%左右。如果我们希望明显地降低抱怨，比如降低60%，那么就得解决两个主要问题，分别是等待时间太长和上错菜。"

"那你觉得你把等待时间太长这个主要问题看清楚了吗？""脑门"白色眼眶灯闪烁着黄光，像是暗示着山姆需要继续探索。

"其实看得还不是很清楚，'脑门'你有什么好建议吗？"山姆问。

智能机器人"脑门"突然原地旋转起来并问道："山姆，如果你要看清楚我的样子，只从我的正面看，能看清吗？是不是得从前后左右不同维度去观察呢？"

"只从正面看，当然看不清你的全貌。从前后左右不同维度去观察，当然看得更全面！"山姆觉得这个问题很容易回答，所以不清楚"脑门"怎么会突然这样问自己。

"其实分析问题时也是需要从多个维度观察和思考的，利用多次柏拉图分析，可以帮助你从诸多问题或模糊的问题群中找到主要问题。""脑门"突然不转圈了，一本正经地讲道。

"Bingo！（好！）我懂了，我马上从不同的维度再分析分析！"山姆似乎悟到了什么："既然等待时间太长是主要问题，那么究竟是星期几的等待时间太长而被抱怨得最多呢？"

山姆把横轴换成了周一到周五，画出了如图2-8所示的柏拉图。

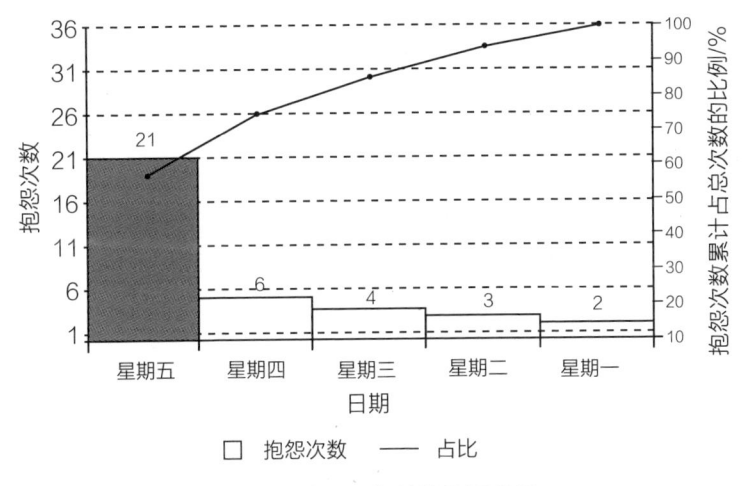

图2-8 关于日期的柏拉图分析

"看来是周五的等待时间太长导致被抱怨的次数最多，接近该抱怨类型一周总数的60%！"山姆发自内心地感谢柏拉图反馈出来的信息。

"但是周五有午餐和晚餐两个班次，是哪个班次的等待时间被抱怨的最多呢？"山姆打开了自问自答的节奏。

山姆把横轴换成了午餐和晚餐，又画出了第三张柏拉图，如图2-9所示。

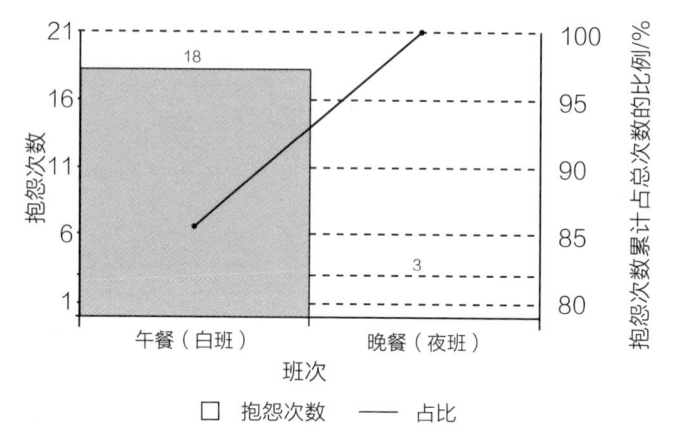

图2-9 关于班次的柏拉图分析

"从第三张柏拉图分析来看,是午餐这个班次的顾客抱怨比较多!"山姆仔细盯着电脑上的柏拉图。

这时"脑门"白色的眼眶灯又闪烁起黄光,轻声地问了一句:"山姆,如果把三张柏拉图组合起来分析,你能得到什么结论呢?"

"把三张柏拉图组合起来分析?"山姆喃喃自语道:"那就是……星期五午餐班次的等待时间太长是目前'顾客抱怨'这个问题群的主要问题?!"

"Bingo!你答对了!""脑门"的白色眼眶灯也不时闪烁着绿光,似乎在为山姆的分析点赞。

"应用多次柏拉图分析,果然可以把模糊的问题群看清楚,从而找到主要问题。"山姆若有所悟地说道,"接下来,我得把多次柏拉图分析做成多张PPT去说服项目团队,主攻'星期五午餐班次的等待时间太长'这个主要问题。"

2.4 陈述问题：四条原则

"清晰地陈述问题，就已经解决了一半的问题。"因为问题陈述是否清晰会直接影响问题分析和解决的方向。我们不希望看到一个问题的陈述是笼统的、模糊的、发散的或者是带有假设性的。为了清晰地陈述问题，我们建议读者遵守以下四条原则。

- ☐ 陈述问题要简明，以帮助大家集中注意力。
- ☐ 问题陈述必须包括一个客观体和一个缺陷，不能包括多个不同的客观体和多个缺陷。
- ☐ 准确描述问题，不要加上对起因或解决方法的猜测。
- ☐ 具体阐述问题的何事（本体）、何处（位置）、何时（时间）、范围（大小），以及问题的严重程度。

● 原则一：陈述问题要简明，以帮助大家集中注意力。

比如"第 12 号公交车的右尾灯灯泡烧坏了"比"有辆新公交车的尾灯坏了"的表述更简明、更聚焦。我们在陈述问题时，应尽量简明聚焦一些，以帮助问题解决团队节约时间。

● 原则二：问题陈述必须包括一个客观体和一个缺陷，不能包括多个不同的客观体和多个缺陷。

"一些公交车过热，刹车不灵，尾灯也坏了。"这就是不清晰的问题陈述，因为包含多个客观体和多个缺陷。而"6 号车过热，4 号车尾灯坏了，2 号车刹车不灵了"就是一个客观体和一个缺陷，相对比较清晰。

● 原则三：准确描述问题，不要加上对起因或解决方法的猜测。

有一次，我给某直辖市电视台授课，一个频道总监是这么陈述她的问题的："由于员工积极性差，栏目目前的创意不足。"这个频道总监想解决的问题是"栏目目前的创意不足"，但是因为她猜测的起因是"员工积极性差"，所以处理这个问题时可能会被她的这一猜测误导到去解决"员工积极性差"。在随后的分析中，我们发现目前栏目每次提交创意时数量不足，是因为编辑软件最近版本升级产生了一些内容格式的不兼容，还真不是"员工积极性差"造成的。

描述问题时，要用准确和客观的词语。比如"新车"这一词，因为每个人对新车的理解是不一样的，会引起概念混淆。是看购买了多久？还是看行驶了多少公里？还是看保养次数？或看维修情况？如果我们用"行驶7500公里以内的车"来表述就更准确，减少了歧义。

●原则四：具体阐述问题的何事（本体）、何处（位置）、何时（时间）、范围（大小），以及问题的严重程度。

分享一个我与全球某知名婴幼儿护理品牌的学员们一起研讨过的案例。原本有一组学员陈述的问题是"分销率如何提高"，通过"是"和"而不是"这两类问题去探究，把4个方面[何事（本体）、何处（位置）、何时（时间）及范围（大小）]收集到的信息代入之前的问题陈述就变成："从2010年10月开始，成都母婴店分销某3号产品的分销率降低至44％以下，且有恶化趋势。"应用原则四后，问题的陈述变得清晰多了。

所以有时候我会提醒大家一句："问题陈述不清楚，有没有可能是因为还没有探究清楚问题究竟是什么呢？"

3

起因分析：
应对 3 个挑战

所谓起因分析的过程就是去寻找根源性起因（root cause）的过程，根源性起因分析能够帮助我们发现问题的症结，从而找出根除性的解决方案。

很多问题之所以反复发生，可能就是因为我们没有找到根源性起因，只是针对虚假的表面原因实施了问题解决。

举个 IT 行业的案例。

一家公司服务器"down"了，即死机了，公司每小时损失的业务差不多有 50 万美元。IT 工程师初步判断是主板坏了。怎么解决？最简单的方法就是换块主板，主板更换虽然花了 200 美元，但相对于公司每小时的业务损失来看还是值得的。

又过了一段时间，服务器又坏了。这次 IT 工程师检查得仔细了一些，发现是主板上的散热风扇坏了。怎么解决？最简单的方法就是花费 20 美元更换主板的散热风扇，这相对于公司每小时的业务损失来说，完全是小钱了。

但是在更换了主板的散热风扇之后，又过了一段时间，服务器再次发生故障。服务器总是坏，对公司业务的负面影响太大了，公司内部多个部门对 IT 部门不满意了。这次 IT 部门感受到了压力，整个团队认真分析主板散热风扇坏的原因，仔细检查了一下服务器所在房间的环境情况，发现服务器所在房间的室外一侧正在施工，中央空调进风的空气中夹杂了大量灰尘，导致空调过滤网已被严重污染。也就是说，是空气中夹杂的灰尘导致主板散热风扇出现故障。最后的解决方法是关闭房屋面向施工一侧的进风口，定期更换或清洗空调过滤网，费用甚至不足 2 美元。

在这家公司，服务器的问题之所以反复发生，其实是因为问题解决者只顾解决表面问题，没有深入分析和寻找根源性起因。选择这种急功近利的问题解决办法，其实治标不治本，问题免不了会再次发生，其结果是组织不得不重复应对同一个问题或类似的问题。可以想象，相同问题或类似问题反复发生所带来的累积成本肯定是惊人的，关键是这些成本原本不必产生。

只顾解决表面问题，而不去寻找根源性起因，在有些组织中已经成为一种普遍现象。一方面有人脑喜欢进行能量消耗低的、无须复杂思考的"快思维"的因素；另一方面也因为某些行业节奏快，这些行业的从业人员养成了看到问题马上猜测原因，尝试迅速解决问题的工作习惯。

我们再来看一个通过寻找根源性起因，成功解决问题的案例。这是一个发生在丰田汽车制造工厂里的故事。

一台机器不转动了，工程师甲问："为什么机器停了？"

工程师乙答："因为超负荷，保险丝断了。"

工程师甲继续问："为什么超负荷了呢？"

工程师乙答："因为轴承部分的润滑不够。"

工程师甲继续问："为什么润滑不够？"

工程师乙答："因为润滑泵吸不上油来。"

工程师甲继续问："为什么吸不上油来呢？"

工程师乙答："因为油泵轴磨损，松动了。"

工程师甲继续问："为什么磨损了呢？"

工程师乙答："因为没有安装过滤器，混进了铁屑。"

工程师们没有受限于问题的表面现象，在不断地追问"为什么"之后发现需要安装过滤器。如果没有问到底，而是草率地换上保险丝或者更换油泵轴，那么在不久的将来肯定会再次发生同样的故障。

虽然寻找根源性起因的过程并不简单，它是一个结构化的处理过程，但是我们仍然应该尽可能地去寻找，一劳永逸地去解决问题。只有这样才能避免问题反复发生对业务运营和组织发展造成的负面影响，解决问题的成本也会大幅下降，而且对风险管理也是有益的。

在寻找根源性起因时，我们一般要面临如下3个挑战：

1. 如何全面调研出所有可能的起因；

2. 如何确定出最有可能的起因；

3. 如何验证真正的起因。

面对这3个挑战，我们需要借助一些定性和定量的分析方法，通过3个步骤去应对。

第一步：全面调研出所有可能的起因，这是一个发散的思维过程。比如投影仪无法投影PPT，可能是投影仪的问题，可能是电脑的问题，也可能是连接线的问题，当然也不能忘了激光笔出现故障这一可能原因。所以第一个步骤的挑战在于全面性，即如何确保不会遗漏可能的原因。

第二步：确定出最有可能的起因，这是一个收敛的思维过程，即如何从众多的起因中筛选出可能性高的起因。这个步骤如同从众多犯罪嫌疑人里遴选出作案嫌疑最大的犯罪嫌疑人。在这个步骤中，本书会介绍5个收敛性的分析方法以供读者选择。正所谓"技多不压身"，多学几个收敛性的分析方法总归是好的。

第三步：验证真正的起因，这也是收敛的思维过程。因为从第二个步骤中遴选出的可能性最大的起因本质上依然只是在逻辑上可能性最大，需要我们到所关心的问题的客观世界中去验证其是否真实存在，以及与我们关心的问题之间是否存在真实的因果关系。简言之，逻辑上存在不代表客观世界中真实存在；逻辑上存在的因果关系不代表在待解决的问题中也真实存在。这个步骤如同去验证作案嫌疑最大的犯罪嫌疑人是否在案发现场出现过,能否在案发现场找到犯罪嫌疑人作案的凶器和作案的证据。本书在此步骤中会介绍一些定性和定量的分析方法,可以帮助大家来验证。

通过上面的简单介绍,您会发现我们是通过科学的分析方法逐步找出问题的根源性起因的,而不是一蹴而就的。

3.1　全面调研出所有可能的起因：正确使用鱼骨图

全面调研出所有可能的起因是一个发散的思维过程，这一过程有点类似把一起案件的所有犯罪嫌疑人都找到。如何确保不遗漏任何一个可能的起因，即确保全面性？这是一个很大的挑战。

我们需要在起因分析时保持冷静的心态，不要把起因分析变成追究责任，甚至责难或攻击他人。忙于追究责任或互相指责，会恶化问题相关方之间的合作关系。所以这样的行为会成为解决问题的巨大障碍。

我们需要在起因分析时保持开放的心态，起因干系人不要陷入"否定状况"的自我保护状态。因为不想承担责任，所以容易说出"不可能是我们造成的""这个问题的起因不可能在我们这儿"之类的话。如果起因干系人不愿意接受理性的分析或完全听不进对自己不利的意见，那么只会延缓问题的解决，甚至阻碍问题解决的推进。

在调研所有可能的起因的过程中，我们可以使用鱼骨图这一分析工具并辅之以三原则。

●鱼骨图

鱼骨图的英文叫 fish-bone diagram，是一种起因分析的呈现形式，因它看上去有些像鱼骨，所以叫作鱼骨图。它是由日本著名学者石川馨先生创立的因果分析模型，所以也叫石川图（Ishikawa-san diagram）或因果关系图（cause-and-effect diagram）。

鱼骨图最早用于产品设计，来显示造成某个问题的所有可能因素，是品质管理七大手法中的一项。在进行起因分析时，石川馨先生将需要分析的问题标在"鱼头"处，并将"鱼头"的位置放在图的右边。接着把所有可能的因素分为几个大类画成"鱼骨主干"，再把从各个大类中细分出的更多可能的起因画成"鱼刺"，依次写在图的左侧。所有可能的起因都会标在"鱼刺"的末梢以方便在"鱼刺"上细分出更多的分支，这样在"鱼骨"的结构上就罗列出与问题相关的所有可能的起因，如图 3-1 所示。鱼骨图的特点就是简洁实用，比较直观。

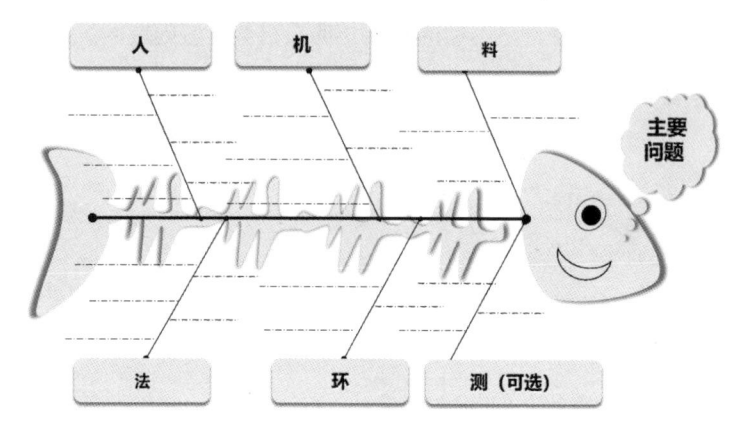

图3-1 鱼骨图介绍

为了更高效地全面调研所有可能的起因，我们把起因的来源分为若干类别。而科学地分类有助于我们识别起因的常见来源。

针对需要分析的问题（标注在鱼头上），我们一般可以按8P或6M列出产生问题的几个要因大类（即鱼骨主干）。

8P常用于市场营销领域的起因分析，8P分别是指：产品（product）（考虑到服务类产品，可以调整为service product），价格（price），地点（place），促销（promotion），人员（people），流程（process/procedures），实体环境（physical evidence），包装（packaging）。在实际应用中，读者可以根据具体情况选择贴合实际情况的某几个P进行起因分析，而不必追求8P都涉及。

6M 是目前更为流行的要因分类，6M 分别是：人员（manpower），机器（machine），物料（material），方法（method），环境（motherland），测量（measurement）。所以 6M 也简称"人机料法环测"。在一些鱼骨图的方法介绍里，会把环境 motherland 用 environment 替代，所以也会简称为 5M1E。

本书的案例也会使用 6M 来进行起因分析的讲解，所以我们先详细解释一下 6M。

人员（manpower）：与问题的每个环节相关的所有人员。

机器（machine）：在问题的每个环节上使用到的设备和工具。

物料（material）：生产成品或提供服务所需要的原材料、零件、耗材等物品。

方法（method）：在问题的每个环节上使用到的方法，可以拓展为与问题相关的政策、法规、程序、规定、标准等。

环境（motherland）：各种环境条件，例如时间、地点、温度、湿度等，抑或是文化、宗教方面的人文环境。

测量（measurement）：用来检测品质的资料信息和测量时使用的仪器。

严谨的读者可能会发现 6M 在一些逻辑领域里可能有点重叠，比如"测量"中的资料信息与"方法"中的法规标准、"测量"中使用的仪器与"机器"中的设备工具。不过我们当下在起因分析上的挑战是确保全面性，这些逻辑上的重叠可以避免我们在调研可能的起因时发生遗漏，起到多重保险的效果。

在实际应用中，一些行业会选择适合自己的 5M "人机料法环"，因为它们在测试领域的工作不多。而有些行业则很重视测试领域的分析，比如医药行业、食品行业、汽车行业、设备行业、软件开发行业、游戏行业等。

也有些行业会根据自己的问题特征加上以下几个 M 进行起因分析：任务（mission）、管理（management）、资本（money）、维护（maintenance）。

接下来，我们简述一下鱼骨图使用的主要步骤。

1.确定问题陈述

确定问题陈述就是确定写在"鱼头"位置的问题。当我们遇到一个模糊且复杂的问题群时，为了尽可能清楚和具体地陈述问题，我们需要先找出该问题群的主要问题，并聚焦于解决主要问题。

本书在问题分析的每个步骤中都会推荐各种分析方法，而这些分析工具的组合使用则是本书的一大亮点。比如之前 2.3 节"选择问题：见招拆招"中，我们提到如果工作中有数据且数据是真实准确的，建议使用柏拉图分析；如果缺乏与问题相关的数据，但问题群里的问题是有相互影响的关联逻辑的，建议使用相互关系有向图，即 ID 图分析；如果没数据且问题之间也无相互影响的逻辑关系，则可以考虑使用选择矩阵来分析。

如果您是用柏拉图分析去遴选主要问题的，那么可以根据多次柏拉图分析的结果来判定主要问题；如果您是用相互关系有向图，即 ID 图来选定主要问题的，那么可以把流出箭头最多的问题设定为主要问题；如果您是用选择矩阵来选择主要问题的，那么得分最高的问题就是需要优先解决的主要问题。

如图 3-2 所示，我们把 2.3"选择问题：见招拆招"步骤选定的主要问题写在鱼骨图的鱼头部位。

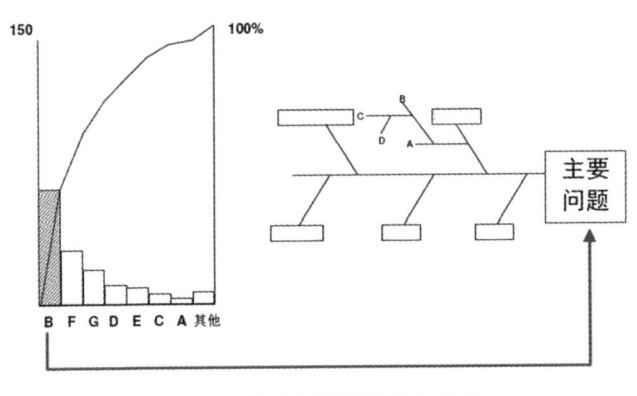

图3-2　将主要问题写在鱼头处

2.确定起因分析的要因类别

这一步骤就是在鱼骨图上画出鱼骨主干的分支，可以参考 8P 或 6M 的分类。

3.穷尽所有可能的起因

如图 3-3 所示，先针对鱼头上的主要问题询问"为什么这个问题会发生",再按鱼骨图主干上的各类别分支依次挖掘所有可能的起因,不断追问"为什么会发生这种情况",找出可能导致上一级要因的所有下一级要因。通过不断地追问"为什么",一层层挖掘分析下去,不断在分支上引出新的分支以挖掘出更深层次的可能起因,直到找出根源性的起因,防止将来再次出现类似的问题。

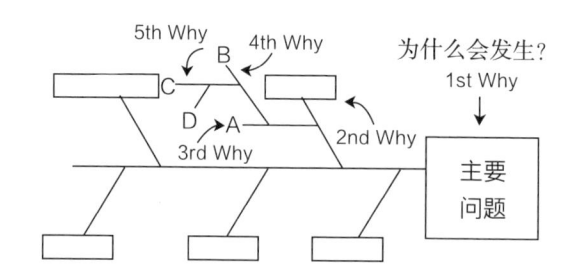

图3-3 不断追问"为什么"以引出鱼骨图上新的分支

最后汇总与问题相关的所有人员提供的信息,集思广益后在鱼骨图各分支上罗列出所有可能的起因。如果某个起因与几个要因类别都有关,可以在几个分支上都写。

如何在"**穷尽所有可能的起因**"这一步骤上更有章法,更高效并确保全面性呢?那就得辅以三原则。

● 三原则

我结合自己多年的实战经验,和读者分享以下三原则,如图 3-4 所示。

1. 依次原则（发散性思维）

根据业务流程的每一个环节，依次考虑各环节上的 8P 或 6M（如人机料法环测）。遇到复杂的环节可以展开其子流程，依次考虑子流程上各环节的 8P 或 6M。

2. 追问原则（发散性思维）

不断追问"为什么"，直到问到有点蠢为止。如果问出的这个问题让你感觉有点愚蠢了，说明我们已经问到具有根源性特征的信息了。

3. 收敛原则（收敛性思维）

客观地评估并检验起因是否成立，即判断所有（鱼刺上的）起因对（鱼头显示的）问题是否充分——从每个起因开始，逐层验证因果关系。用"因为这（起因）发生，所以它（问题）会发生"来检验因果关系的逻辑。如果因果关系不成立或不充分，排除该起因或修改该起因的陈述。

最后在剩下的因果关系成立的起因中，归纳合并一些陈述相似且本质相同的起因。

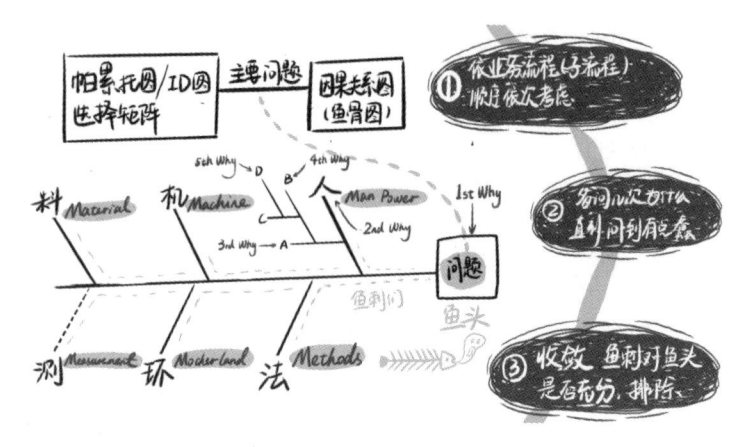

图3-4 鱼骨图使用的三原则

前两个原则是发散性思维，而第三个原则是收敛性思维。整个思维过程是先发散后收敛。

关于正确使用鱼骨图并应用三原则的一些操作细节，我们会在本节对应的案例"杰克餐厅：全面调研起因"中详细讲解。

杰克餐厅：全面调研起因

上回提到山姆通过多次的柏拉图分析找到了餐厅"顾客抱怨多"这个问题群的主要问题是"星期五午餐班次的等待时间太长"，随后向餐厅老板鲍勃进行了汇报。山姆的分析逻辑和选定的主要问题得到了鲍勃和项目团队的认可。鲍勃同意先分析"星期五午餐班次的等待时间太长"这个主要问题，希望山姆及其团队尽快找出根源性起因。

为了全面地调研问题的起因，山姆召开专题会议，准备与项目团队通过头脑风暴的方式来寻找起因。会场的座位被布置成圆环形以便目光交流，促进讨论，活跃气氛。

山姆作为项目经理自然需要主持会议，他把智能机器人"脑门"也请进会议室。机器人"脑门"既可以作为顾问出出主意，也可以做会议的记录员，因为它可以自动地把与会者的发言转为文字，甚至及时归类整理、加上编号。

会议开始了，在正式进入头脑风暴畅谈前，山姆特意先展示了所收集的一些餐厅的背景资料，以便与会者都能了解与该餐厅的顾客抱怨相关的背景信息和最新动态。

山姆开始进入议题："各位伙伴，在上次的客户沟通会上，我们通过三次柏拉图分析选定'星期五午餐班次的等待时间太长'为需要优先解决的主要问题。今天会议的议题就是请大家来讨论一下有哪些可能的起因。欢迎大家踊跃发言，集思广益，群策群力！"

会场安静了一会儿，项目团队的伙伴们似乎都在认真思考。

小张绰号"大头",反应比较快,第一个发言道:"我觉得等待时间太长,不是厨师的问题就是传菜员的问题。"

胖胖的小王也分享了自己的想法:"不一定是厨师或传菜员的问题,周五顾客人数多也可能是起因。"

小王讲完,有几个项目组成员附和着点了点头,其中包括山姆。

山姆的导师 Mentor 七仔前辈今天也被山姆邀请来参加会议。"大家不能只关注人的方面,也有可能是其他方面的原因,比如'机料法环'等"。七仔前辈感觉她可能需要引导一下大家讨论的方向。

"急料发还?餐厅是订错什么食材,需要退回吗?"新员工小林没听懂,疑惑地问。

智能机器人"脑门"觉得有必要给大家解释一下七仔前辈的观点:"七仔前辈的思路是通过 6M 进行要因分类,6M 分别是:人员(manpower),机器(machine),物料(material),方法(method),环境(motherland),测量(measurement)。所以 6M 也简称'人机料法环测'。因为餐厅没什么测量工作,所以我们可以简化为 5M。"

机器人"脑门"接着说道:"6M 或 5M 在起因分析步骤中一般是配合鱼骨图使用的。会议旁的走廊里有网络打印机,我打印了几张鱼骨图的示例,大家人手一张,可以边看鱼骨图边讨论。"

山姆非常尊敬七仔前辈和"脑门",心想有分析工具的帮助，分析的效率肯定更高而且质量会更好。所以山姆跑到打印机边拿回来一叠鱼骨图（见图3-1），分发给与会者。

看着手上的鱼骨图模板，山姆提出自己的设想："现在大家手上都有一张鱼骨图，我们按照'人机料法环'的顺序依次讨论怎么样？"

"好！"

"可以。"

"没问题。"

山姆听到大家都同意，又继续引导："那我们就先来讨论'人'这个方面的起因吧。哪些人会造成'星期五午餐班次的等待时间太长'呢？"

会场又安静了下来……

"大头"小张再次抢先发言："我已经提过厨师和传菜员了，小王刚才提到了顾客。"

小王补充道："厨房里不光有厨师和传菜员，还有洗碗洗菜工呢！"

小林也积极参与讨论："杰克餐厅门口也有迎宾员的。"

大家你一言我一语地分享着，作为会议主持人的山姆感觉需要归纳一下大家的发言，但又察觉出这样的讨论似乎有不妥之处。

"如果各位毫无逻辑顺序地进行头脑风暴，你们不担心会遗漏一些相关人员吗？"七仔前辈总是在关键时刻发言："大家要先确定一个逻辑，再按这个逻辑进行发散思考。"

"那么关于发散思考的逻辑,各位有什么建议吗?"山姆掌握着会议进程,同时不自觉地看向七仔前辈和智能机器人"脑门"。

智能机器人"脑门"的白色眼眶灯突然高频率地闪烁了几下:"其实在使用鱼骨图时需要辅以三原则。"

"什么是三原则?"几位项目组成员异口同声地问道。

随着两道绿色的光束顺时针地在眼眶灯中旋转着,"脑门"详细地解释起来。

"三原则分别是依次原则、追问原则和收敛原则。"

"依次原则是指根据业务流程,依次考虑各环节上的5M(人机料法环)。遇到复杂的环节可以展开其子流程,再依次考虑子流程上各环节的5M(人机料法环)。"

"以杰克餐厅为例,我们要先梳理出与顾客等待时间相关的业务流程是什么样的。"

之前的四周里,山姆去杰克餐厅调研过多次,所以对其业务流程比较了解。山姆边回忆边分享:"业务流程应该是先迎宾引导,再顾客点菜,接着厨房上菜和顾客堂食,最后收银结账。"

七仔前辈抛出自己的理解并启发大家:"按照'脑门'先生的依次原则,我们应该先讨论在迎宾引导环节上的5M(人机料法环)。那么在迎宾引导环节,有哪些人,哪些机,哪些料,哪些法,哪些环境因素会导致'星期五午餐班次的等待时间太长'呢？"

"我们仍然按照人机料法环的顺序依次分析吧。"七仔前辈补充了一句。

"在迎宾引导环节，人的因素有迎宾员和顾客。"

"在迎宾引导环节，可能对等待时间有影响的设备是叫号机。"

"如果没有茶水服务，顾客容易在等待期间抱怨。茶水应该属于'料'吧？"

"对！在'料'这个类别里，应该还有菜单。如果迎宾区提供菜单给顾客浏览，顾客在等待期间的抱怨次数也会下降。"

"嗯，有道理。而且有了菜单，还可以让顾客提前点菜，缩短就餐时的上菜时间。"

"我补充一下环境方面。杰克餐厅的迎宾区没有座位和电视，让顾客站着等待又无法转移其注意力，也容易招致抱怨。"

由于与会者的思维空间一致而且还能相互启发，会议进入了一个发言高潮……

作为会议记录员的机器人"脑门"展现出它智能的一面，实时记录着各位的发言并归纳整理到鱼骨图中，还打印了出来（见图3-5）。

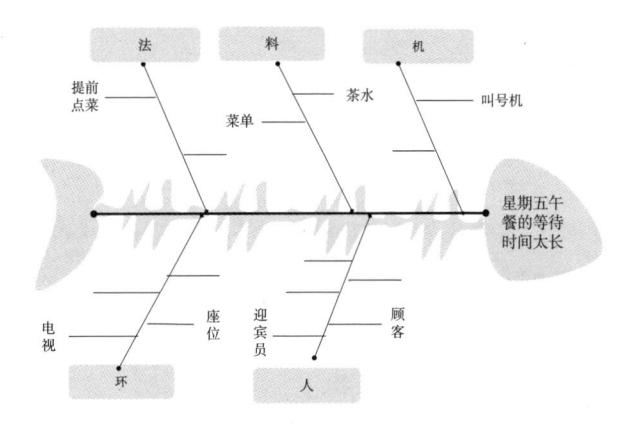

图3-5 鱼骨图分析之环节1"迎宾引导"

山姆把打印出来的最新讨论结果分发到各位与会者手中,继续推进会议进程:"接下来让我们讨论一下第二个业务流程环节'顾客点菜'的人机料法环吧。"

"'顾客点菜'环节上人的因素应该有顾客和服务员。"

"对,在这个流程环节上服务员出现了。机的方面,如果服务员有点菜机肯定比手写菜名节约时间,可以减少顾客的等待时间。"

"除了点菜机,还应该有对讲机,服务员需要与厨房频繁沟通,比如替顾客催餐或调整辣度,有了对讲机可以提高服务员的沟通效率。"

"我觉得'料'这根鱼刺上可以加'小食'或'开胃菜',如果有这些,在等菜期间顾客的抱怨也会少些。"

"我就餐时曾遇到过叫服务员来点菜,但服务员比较忙而迟迟不来,我只能坐着等的情况。现在有些餐厅的餐桌上有二维码,允许顾客自己点菜自己下单,这样就不用等服务员了。顾客不能自己点菜应该也是抱怨的原因。这个原因可以写在'法'的鱼刺上。"

"环境类别里可以写'文化展现'。如果餐厅在顾客就座后的视线里呈现一些美食文化或地域文化的信息,就可以吸引顾客的注意力,减少顾客在等菜期间的抱怨。"

会议进入了第二个发言高潮……

作为会议记录员的机器人"脑门"及时地记录着会议现场的发言并打印出了新一版的鱼骨图(见图3-6)。

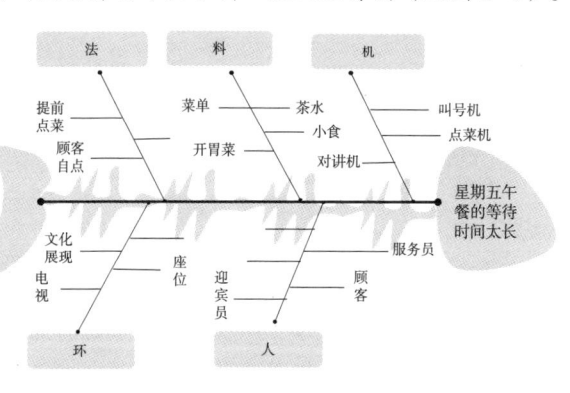

图3-6　鱼骨图分析之环节2"顾客点菜"

看到在鱼骨图上依次推演展开的信息,山姆感觉会议走在了正确的方向上。"接下来,大家讨论第三个业务流程环节'厨房上菜'的人机料法环吧。"山姆鼓励大家。

"厨房里的业务分工好像有点复杂啊!"小林感慨了一句。

智能机器人"脑门"提醒大家道:"遇到复杂的环节

可以展开其子流程，再依次考虑子流程上各环节的5M（人机料法环）。"

七仔前辈看向山姆说："山姆，你比较了解客户的业务流程。麻烦你分享一下厨房上菜的子流程吧。"

"好的，师傅。"山姆想了想，喝了口水后开始分享："杰克餐厅的厨房上菜的流程是这样的：顾客的订单先给到配餐员，配菜员配好菜后会由帮厨也就是洗碗、洗菜工来洗菜切菜，洗好切好后交给厨师烹饪，最后交给传菜员上菜。"

"那么配菜员会使用哪些设备？大家讨论一下。"分享完流程的山姆追问了一句。

"配菜员应该需要用到电子秤吧。还有什么设备呢？"这次变成小王先接话茬了。

"我对配菜这个岗位的工作情况不太了解，所以在机料法环这几个方面都想不出什么可能的起因。""大头"小张现在有点头大。

"在不了解工作情况的状态下讨论5M，会不会遗漏可能的起因？"七仔前辈说出了自己的顾虑。

与会者的目光齐刷刷地看向了项目经理山姆。山姆不知该如何回答七仔前辈提出的这个问题，不自觉地低头看向他的智能机器人"脑门"以寻求帮助。

当智能机器人"脑门"开始思考的时候，它黑眼圈上的白色眼眶灯和黑轮子上的蓝色轮毂灯都会闪烁起来。同时"脑门"的两个轮子前后轻

微滚动了几下,似乎在调取什么信息。

机器人"脑门"替山姆回答道:"如果问题解决者不了解某个业务流程环节,不要试图去猜测该业务环节上的人机料法环(测)。建议找到熟悉该业务环节的资深员工或专家、主管,由他们提供该业务环节上的人机料法环(测)信息,以避免遗漏可能的起因。"

"有道理!"七仔前辈表示认同并提出了自己的想法:"不只是配菜员,对于其他岗位如迎宾员、服务员、帮厨、厨师和传菜员等的人机料法环方面的可能起因,都应找对应岗位上的有经验的员工或负责该岗位的主管收集一下。这比我们今天在会议室里你说一个我说一个的讨论更客观、更全面!"

对于七仔前辈的建议,机器人"脑门"也附和了一句:"其实鱼骨图有时不是一个人可以完成的,而是需要业务流程各环节上的人一起参与编写,因为他们更熟悉自己工作中的机料法环(测),从而可以避免遗漏可能的起因。"

山姆若有所悟,点了点头说:"那我马上分解一下调研工作,分派给各位项目团队成员。大家一起去杰克餐厅,分头收集业务流程上各环节相关岗位负责人或资深员工的反馈。"

"那今天的会议还继续开吗?"小林不解风情地问了一句。

山姆略感尴尬地回答:"今天的会议就先到这里。等我们收集全鱼骨图上的信息,我们再开个项目临时会议。"

"大家也可以消化一下依次原则,去杰克餐厅调研时可以学以致用!"七仔前辈接过山姆的话,这既是对项目组的鼓励也是帮山姆找台阶。

"今天学到的依次原则很好！如果不遵循依次原则，我可能不会想到传菜员。"

"我可能会遗漏配菜员！"

七仔前辈的话引发了大家的共鸣，所有人都开始反思自己过去的思维习惯……

在随后的几天时间里，山姆和他的项目团队分别与杰克餐厅的迎宾员、服务员、配菜员、帮厨、厨师、传菜员和收银员进行了访谈，而且也找了一些来店的顾客做了调研。然后，山姆团队整合了各个环节上的访谈对象提供的人机料法环信息，汇总成了一张完整的鱼骨图。

餐厅老板鲍勃非常支持这次经验萃取行动。他在看完鱼骨图的分析和汇总后，认为这张图可以在以后类似问题的起因分析中重复使用，至少可以作为参考模板用于传承。此类问题的经验有助于提高类似问题的解决效率。为此，鲍勃还特地写了封邮件给山姆的部门领导静姐，表扬了山姆团队的专业性和责任心。

部门领导静姐为此奖励了山姆团队一顿下午茶，山姆想借着下午茶团建的机会继续推进起因分析。

山姆预订了一整个下午时间的会议室，外卖送来的比萨、汉堡、鸡翅、薯条、巧克力蛋糕卷、水果、咖啡和软饮料等美食铺满了会议桌。整个项目团队沉浸在欢乐的氛围中，有吃有喝，其乐融融。

"各位伙伴我们边吃边聊啊！我们访谈了杰克餐厅各

个环节上的对象,整合了他们提供的人机料法环信息,鱼骨图上的信息非常多,我们可以就每根鱼骨的主鱼刺展开讨论。"山姆铺垫了一下,开始引入正题:"我们还是按人机料法环5M依次讨论,怎么样?"

山姆环顾了一下会议室里的各位伙伴,大家都没异议。小林嘴里塞满了比萨,鼓着腮帮子点头的样子有点萌萌哒。

"我们先看一下'人'这根主鱼刺。"山姆在会议室的白板上贴上了一张A3纸打印的"人"的主鱼刺图,如图3-7所示。

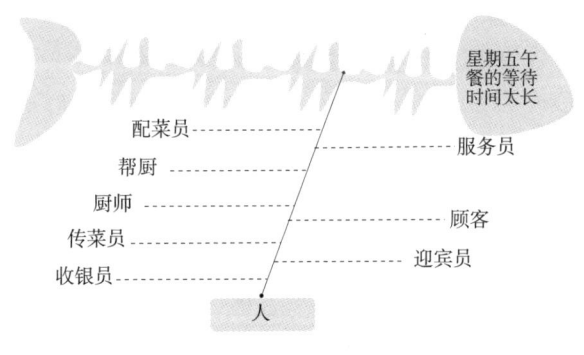

图3-7 鱼骨图之主鱼刺"人"

"上次会议'脑门'提到的三原则分别是依次原则、追问原则和收敛原则。现在我们要应用第二个原则,即追问原则。要不先请'脑门'给大家介绍一下追问原则吧。"山姆会前与自己心爱的智能机器人"脑门"沟通过此次会议的引导方式,所以很快地引出三原则。

机器人"脑门"转动着两个黑轮子,绕过一盆比萨,移动到会议桌的中央。它的蓝色轮毂灯闪了闪绿光,开始分享:"追问原则是指不断追问'为什么',直到问到有点蠢为止。如果问出的这个问题让你感觉有点愚蠢了,说明我们已经问到具有根源性特征的信息了。本质上,追问原则是继续发散地去寻找所有可能的起因。"

山姆给自己点的是海盐芝士拿铁,刚喝了一口咖啡,是满满的咸香海盐风味和甜蜜芝士风味,但缺了点咖啡的香醇。他觉得需要把轻盈绵密的奶霜搅匀到整杯丝滑的拿铁中,否则咖啡的原味被海盐芝士盖住了。山姆一边搅拌着自己的咖啡,一边补充解释:"追问原则就是追问鱼刺上的因素为什么会造成鱼头的问题。比如,我们可以追问为什么迎宾员会造成'星期五午餐班次的等待时间太长'。"

"因为迎宾员只有一个,一旦引导顾客去餐桌,门口就没有人迎宾了。"

"因为迎宾员没有把来店顾客的情况反馈给大堂,所以大堂不能及时调整拼桌。比如,在征求了顾客意愿后,将2批3至4人的顾客拼到同一张大桌或把一些长条排列的8人桌拆成2~3张小桌。"

与会者纷纷给出了自己的分析……

"迎宾员"部分比较简单,讨论完"迎宾员"后项目团队开始讨论"顾客"这个部分。

"为什么顾客会造成'星期五午餐班次的等待时间太长'?"这回是胖胖的小王来追问鱼刺上的因素为什么会

造成鱼头的问题。

"因为顾客人多。"小张喝着可乐不假思索地回答。

"为什么顾客人多会造成'星期五午餐班次的等待时间太长'?"机器人"脑门"接着追问。

"因为有聚餐,有聚餐就会有占桌聊天的情况,而点的东西也多!"有美食的加持,"大头"小张的反应挺快。

"为什么点得多会造成'星期五午餐班次的等待时间太长'?"机器人"脑门"继续追问。

"因为菜多,不但上菜慢而且吃得慢。"小张的思维被机器人"脑门"的追问激发起来,迅速地运转着。

"为什么会上菜慢?"小林模仿机器人"脑门"也追问了一句。

"上菜慢的原因得问厨房相关人员和传菜员了,而我们现在是在讨论顾客这个分支。"小张自己都不知道这算不算回答了小林。

机器人"脑门"认可了小张的观点:"没错,我们现在聚焦在顾客这个分支上讨论。对于'为什么会上菜慢'这个问题,可以留到聚焦厨房相关人员和传菜员分支时再研讨。"

"为什么会吃得慢?"小林又问。

"吃鱼、吃蟹都会比较慢。"小王配合小张,帮忙接答。

"为什么吃鱼、吃蟹会造成'星期五午餐班次的等待时间太长'?"小林继续追问。

"因为吃鱼要剔除鱼刺,吃蟹得剥去蟹壳!"小王觉得这个问题很容易回答。

"为什么鱼有鱼刺？"小林不假思索地追问。

小王愣了愣，突然笑出声来："哈哈，这个问题好搞笑！为什么鱼有鱼刺还需要回答吗？"

"我感觉为什么鱼有鱼刺这个问题好傻啊！"小张突然冒出这么一句，小林的脸腾地一下红了。小林拿了一颗草莓塞进自己嘴里，想借此缓解一下自己的尴尬。山姆也发现此时小林有点不自然，脸颊红彤彤的跟草莓似的，于是开始转移话题。

山姆问机器人"脑门"："请教一下'脑门'，你认为这个问题还要不要继续追问？"大家的注意力都被转移到机器人'脑门'这里，等待着它的回答。

"如果感觉问题有点愚蠢，说明已经问到具有根源性特征的起因了。"机器人"脑门"回答道，"所以无须再追问了。"

"那么'为什么蟹有蟹壳'也无须再追问了。"山姆在理解了追问原则后表示认同。

七仔前辈也参与了分享："以前我参加过一次问题解决培训，提到过5why方法，即追问5次为什么，可以找到问题的起因。现在看来这有点死板了。应用追问原则时不是说一定要追问5次或次数越多越好。追问到问题有点愚蠢就可以结束了，不用受限于5次，可以比5次多，也可以比5次少。"

"那我们继续应用追问原则去完成其他鱼刺上的起因分析吧。"山姆把握着讨论的节奏，继续推动会议进程。

看着如图3-8所示的越来越丰满的鱼骨图，山姆喝了一口自己搅拌多时的海盐芝士拿铁，顿时，香醇的咖啡携带着浓郁的牛乳，同时混合着海盐的咸香和芝士的甜蜜涌上自己的舌头，四重滋味在舌尖交织融合，是如此的醇厚香甜！山姆的嘴角浅浅地笑了笑，他感觉鱼骨图似乎也要配合三原则，滋味才是对的！

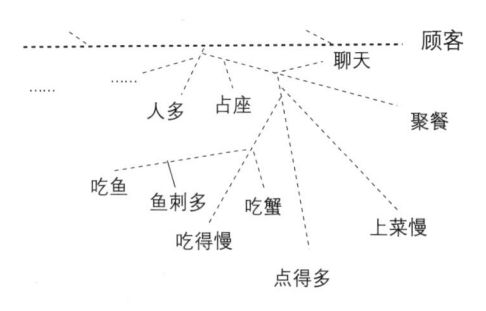

图3-8 鱼骨图之"顾客"要因部分的发散

不知道是学到新知识带来的兴奋感，还是有下午茶美食的缘故，大家热火朝天地分析讨论着其他鱼刺上的起因……

不知不觉中，大家已经追问到最后一根鱼刺了。看着写了满满当当各种起因的鱼骨图，山姆感到既满足又困惑。

"那么多起因，到底哪个才是真正的起因呢？"小林的疑惑其实也是山姆当下的困惑。

下午的讨论第一次出现了沉默。

"不是还有第三个原则吗？"七仔前辈打破沉默："听听机器人'脑门'的建议吧。"

机器人"脑门"再一次移动到会议桌中央，360度转了一圈，似乎是要与每个与会者目光交流一次，然后说："是的，第三个原则是收敛原则。**收敛原则是去客观地评估并检验起因是否成立，即判断所有（鱼刺上的）起因对（鱼头显示的）问题是否充分**——从每个起因开始，逐层验证因果关系。用'因为这（起因）发生，所以它（问题）会发生'来检验因果关系的逻辑。如果因果关系不成立或不充分，则排除该起因或修改该起因的陈述。最后在剩下的起因中，归纳合并一些陈述相似且本质相同的起因。收敛原则的确可以帮助**我们淘汰一些影响因素，留下因果关系充分的可能起因**。"

"影响因素是什么？"小林的疑惑还没有消除，所以继续请教机器人"脑门"。

机器人"脑门"估计其他与会者可能也会有类似的困惑，觉得此处有必要耐心解释一下："影响因素就是指那些对问题有影响但不充分的因素。所谓不充分是指起因不足以导致问题的发生。"

此时，机器人"脑门"的黑眼睛变成了激光笔，一道绿色的激光束射向会议室白板上贴着的鱼骨图。

众人的目光都定位到了机器人"脑门"激光笔所指的位置，如图3-9所示。

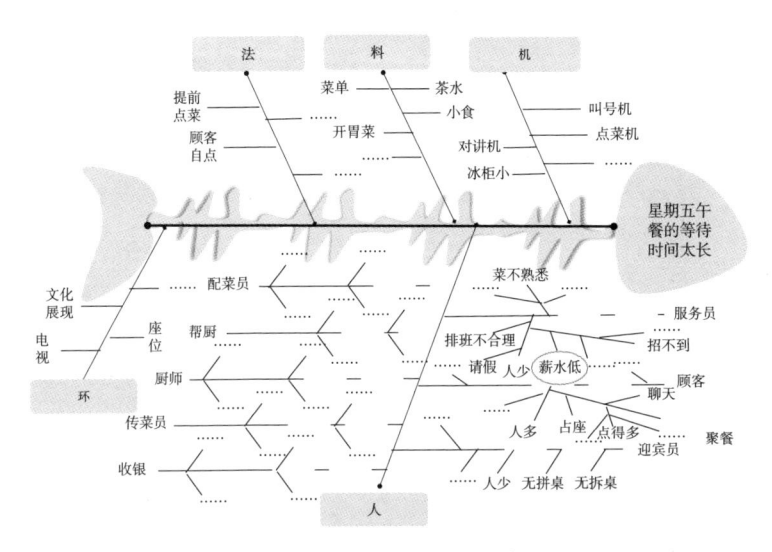

图3-9　完整鱼骨图展示

机器人"脑门"扫视了一遍在场的与会者，在确认所有人的注意力都在鱼骨图上后，继续讲解："比如，你们觉得现在激光笔所指的'薪水低'这个起因会导致'星期五午餐班次的等待时间太长'这一问题发生吗？这条因果关系充分吗？"

山姆和伙伴们一起陷入了思考。山姆喝了口咖啡，细细琢磨起来：如果是服务员薪水低造成的，那么周一至周四服务员也是这点薪水啊，为什么周一至周四的午餐等待时间较少被客户抱怨呢？所以薪水低会导致星期五午餐等待时间长的因果关系不充分。

这时七仔前辈分享了相同的观点，认为这种因果关系不充分，并向机器人"脑门"征求意见。

机器人"脑门"黑轮子上的轮毂灯闪烁起绿光,似乎在认可七仔前辈的观点:"是的,'薪水低'与'星期五午餐等待时间长'之间的因果关系不充分,因为周一至周四也是这点薪水,但是周一至周四的午餐等待时间较少被抱怨。"

"但是'薪水低'是不是影响因素呢?"机器人"脑门"继续追问。

机器人"脑门"发现没人回答自己的问题,就自问自答起来:"现在我继续回答小林之前的问题——影响因素是什么。'薪水低'就是影响因素。虽然它不足以导致'星期五午餐班次的等待时间太长'这个问题发生,但是如果星期五午餐班次比较忙,有些服务员可能会因为薪水低还那么忙而不愿意积极承担强度更高的工作,从而增加了顾客的等待时间。我们承认'薪水低'对我们关注的主要问题有影响,但不充分。"

没想到小林的疑惑需要铺垫那么久才能解释清楚,山姆发现自己的海盐芝士拿铁已经在不知不觉中喝完了,没想到起因分析那么费咖啡。山姆在桌上找到一杯没人喝过的海盐芝士拿铁,准备继续喝。

"按收敛原则分析,那么'机'这根主鱼刺上的'叫号机''点菜机''对讲机'这3个原本大家觉得可能的起因其实都是影响因素。缺乏这些设备的确对鱼头的问题有影响,但是考虑到周一至周四的午餐等待时间较少被抱怨,所以这些可能的起因与主要问题的因果关系都不充分。"这是"大头"小张的声音,他似乎领会了收敛原则。

"小张的分析是对的！"机器人"脑门"表示认同。

胖胖的小王也来试着验证自己的分析："那么'料'这根主鱼刺上的'茶水''菜单''小食''开胃菜'这4个也是影响因素，考虑到周一至周四的午餐也不提供这些'料'，所以没有它们的确对问题'星期五午餐班次的等待时间太长'有影响，但是因果关系不充分。"

"小王的分析也对！"在得到机器人"脑门"的认同后，小王开心地笑了。你还别说，小王笑起来非常可爱，她的脸又圆又大，一笑起来眼睛会眯成一条线，同时嘴角边出现两个小酒窝。

这时小林轻声地问了一句："我们好不容易发散思维调研出来的起因，不会都被收敛了吧？"

"不会都被收敛。"七仔前辈似乎总会在关键时候出来分享，"我刚才也在思考这个问题。但是我发现'顾客人多''排班不合理''周五有人请假'等可能的起因对问题的因果关系都是充分的！"

"嗯，让我想想。'排班不合理'是充分的，如果星期五顾客多而餐厅没有安排足够的人手，那么肯定会造成顾客等待时间变长。"小林喃喃自语，"再看'顾客人多'，因为星期五午餐时间有更多顾客聚餐而人多，所以的确会导致'星期五午餐班次的等待时间太长'这一问题发生！但是在鱼骨图的'服务员'分支上的起因原本是'请假'怎么变成'周五有人请假'了，而且为什么是充分的？能说明一下吗？"

对于小林的疑问，七仔前辈没有一丝厌烦，耐心地解释道："我们的朋友'脑门'之前分享收敛原则时说过，如果因果关系不成立或不充分，可以排除该起因，也可以修改该起因的陈述。把'请假'改成'周五有人请假'既合理又使得因果关系充分了。"

山姆不得不佩服自己师父七仔前辈的学习能力——在这么短的时间里不但理解了机器人"脑门"分享的"三原则"而且已经能够开始应用了。对了，刚才七仔前辈好像把机器人"脑门"称作"朋友"了。想到这儿，山姆不由得会心一笑。

"谢谢七仔前辈的指导。"小林表示听懂了。七仔前辈分析的可能起因都集中在"人"这根主鱼刺上，因此小林依照5M的次序将目光转向了"机"这根鱼刺。小林好像看到了什么，突然大声地叫道："我也发现了一个因果关系充分的可能起因！记得山姆在介绍项目背景时说过杰克餐厅的营业时间是工作日，采购食材并补充到冰柜主要是在周末进行的，那么配菜员提及的'冰柜小'也是充分的。该起因的完整陈述是：因为冰柜小，加之周一至周四的消耗，所以到周五午餐班次，顾客聚餐点菜多时就会出现某些食材供应不足。所以顾客点菜后发现有些菜沽清了需要重新再点，这就增加了顾客的等待时间。"

山姆突然发现，他的这些小伙伴们的分析能力都随着这个项目的推进而迅速提高！

听完小林的发言，七仔前辈点了点头说："小林分析得不错！接下来，我们对鱼骨图上的起因逐一应用收敛原则,一定可以淘汰掉很多影响因素。"

"好!"

"没错!"

"来吧!"

众人纷纷同意。

可能是吃了下午茶的缘故,虽然已经到了晚餐时间,与会的小伙伴们似乎都没感到饥饿,会议室里的讨论依然热火朝天……

时光飞逝,不知不觉中一张应用了三原则(依次原则、追问原则和收敛原则)的鱼骨图呈现在会议室的白板上,如图3-10所示。与会者的脸上都洋溢着领悟新知识后兴奋而满足的笑容。

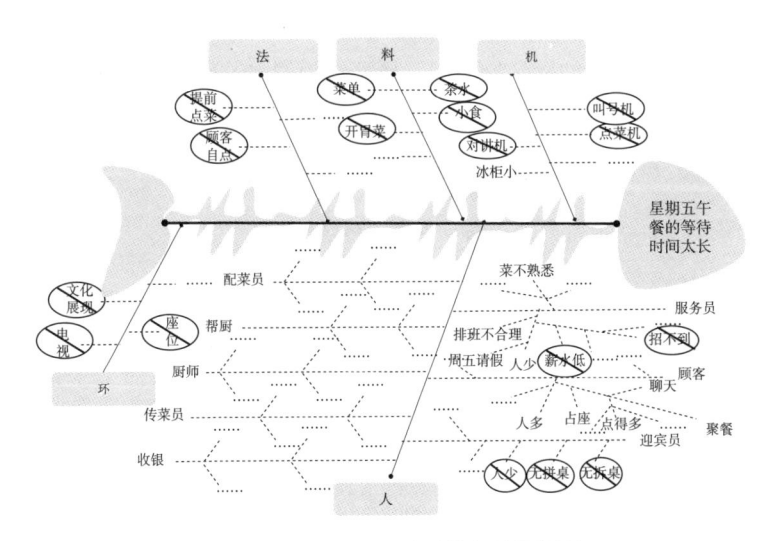

图3-10 应用三原则后的鱼骨图展示

3.2　确定最有可能的起因：5 种方法

在鱼骨图上全面调研所有可能的起因后，即便我们使用了收敛原则，可能仍会发现在鱼骨图上还留着十几个甚至更多数量的可能起因。如何从众多可能的起因中筛选出可能性高的起因，这个步骤如同从众多犯罪嫌疑人里遴选出作案嫌疑最大的犯罪嫌疑人。这又将是一次很大的挑战。

本质上，确定出最有可能的起因的过程是一个收敛性思维的过程。本节会介绍 5 种收敛性的分析方法。

- 基于鱼骨图判断起因的力度；
- 相互关系有向图 ID；
- 关于起因的扩展思维；
- 解释"是"和"而不是"的两类问题；
- 利用差异和变化来寻找可能的起因。

让我们逐一介绍以上 5 种分析方法。

3.2.1 基于鱼骨图判断起因的力度

应用了收敛原则后的鱼骨图,虽然目前保留了各个鱼刺上对问题(鱼头部)都有充分因果关系的起因,但是每个起因引发问题(鱼头部)的可能性是不同的。所以,要评估这些起因引发问题的可能性(高,中,低),找出最有可能的起因。

比如"每天都有人请假"这个起因的可能性会低于"周五有人请假"的可能性。

在同一根鱼刺里,可以进行概率的推演。以图 3-11 为例,因素 B 和因素 C 在因素 A 的鱼刺分支上,表示 B、C 都会导致 A 发生,并且具有充分的因果关系。D 和 C 的关系也是如此。

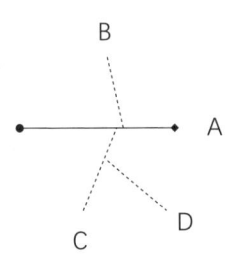

图3-11 鱼骨图上的概率推演

如果因素 A 发生的可能性为"中",那么由 A 衍生出来的因素 B、因素 C 的可能性最高就是"中",甚至为"低"。即因素 B、因素 C 的可能性不会超过因素 A 的可能性。

如果因素 A 发生的可能性为"高",则因素 B、因素 C 发生可能性为"高""中""低"的可能均有。假如我们判断因素 B 的可能性为"高",而因素 C 的可能性为"低",由于因素 D 在因素 C 的鱼刺分支上,即因素 D 会引发因素 C,所以因素 D 的可能性也为"低"。

小结一下，某根鱼刺分支上的起因的可能性不会超过该根鱼刺的起因的可能性。

关于应用"基于鱼骨图判断起因的力度"这一方法的相关细节，本书会在与本节匹配的案例"杰克餐厅：确定最有可能的起因"中详细讲解。

3.2.2 相互关系有向图 ID

在要点 2.3.2 "相互关系有向图"中，我们提出可用 ID 图这一分析工具来分析问题群中的主要问题。

如果鱼骨主干的每个分支上都有可能性高的起因，那么我们也可以用 ID 图分析来找出主要驱动性的因素。

- □罗列所有可能性高的起因；
- □寻找因果关系或相互影响关系，并用有向箭头标明（B→A表示：B导致A 或 B影响A）；
- □统计每个起因的流出和流入的箭头数目；
- □最大流出箭头数目的起因具有主要驱动性；
- □最大流入箭头数目的起因具有结果指标性。

本书在"2.选定问题"中曾以合作过的一家全球 500 强日企遇到了"员工流失率高"的问题为例。在选出了主要问题是"制造部 20 岁至 25 岁男性作业员流失率高"后,通过鱼骨图的进一步分析,在鱼骨主干的几个分支上找到以下 3 个可能性比较大的起因为:

1. 制造部 20 岁至 25 岁男性作业员在春节期间回家相亲成功。

2. 制造部 20 岁至 25 岁男性作业员在工作所在地不好找女友。

3. 制造部 20 岁至 25 岁男性作业员回家结婚后,小夫妻开启新生活。

在如图 3-12 所示的相互关系有向图(ID 图)分析中,因素 2 "在工作所在地不好找女友"会导致其他两个因素,所以我们可以认为主要驱动性起因"制造部 20 岁至 25 岁男性作业员在工作所在地不好找女友"的重要性更高,应该优先验证该起因或优先抑制该起因。

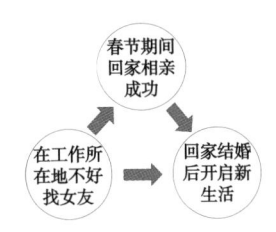

图3-12　相互关系有向图(ID图)分析

关于应用"相互关系有向图"评估起因的重要性,本书会在与本节匹配的案例"杰克餐厅:确定最有可能的起因"中再讲解一次。

3.2.3 关于起因的扩展思维

本书会介绍两种扩展思维，一种是关于起因的扩展思维，另一种是关于解决方法的扩展思维。此处介绍的是第一种关于起因的扩展思维，我们会在第六章"标准化并推广"里介绍第二种关于解决方法的扩展思维。

首先对问题的起因进行扩展分析——考虑可能由问题的起因引起的其他问题。

□ 该起因还可能引起别的什么问题？
□ 该起因还可能在其他什么地方引发类似的问题？

然后去验证由问题的起因引起的其他问题是否存在。如果这些问题存在，那么起因的可能性变高。如果这些问题不存在，那么起因的可能性变低。

举个例子帮助各位读者理解一下这种扩展思维。

我曾经给国内某著名印刷集团的管理层授课，其间学员们提到希望分析一下"公司某产品印刷污点多"的问题。通过鱼骨图的起因分析，我们收敛出一个"人员"类的起因和一个"机器"类的起因。其中"制浆系统的故障"这一起因除了会造成印刷污点多，还会造成产品开裂和褶皱等质量问题。学员们翻看了业务数据，发现该产品的确有开裂和褶皱的质量问题存在，而且开裂的概率还不低。那么我们可以认为"制浆系统的故障"这一起因可能性较高。而"对应岗位的人员能力或责任心不足"虽然也可能造成印刷污点多的问题，但不会造成开裂和褶皱等产品质量问题，所以"人员"类的这一起因的可能性变低了。

3.2.4 解释"是"和"而不是"的两类问题

在鱼骨图收敛后，保留在各个鱼刺上的每个可能起因都是因果关系充分的，我们可以验证这些起因能否解释在 2.2 节"探究问题：深度与广度"中分享的"是"和"而不是"两类问题。在解释过程中，最有可能的起因往往需要做的假设最少或假设最合理。

这种思维方式有点像医生在诊断病因时，会验证这个病因是否会造成患者提及的"哪里疼""哪里不疼"的现状。如果解释得通，那么这个病因的可能性就变高；反之则变低。

在 2.2 节"探究问题：深度与广度"中提到了"庞迪克车对香草冰激凌过敏"案例，我们现在对这个案例做进一步分析。

在收敛后，鱼骨图的鱼骨主干"人机料法环"等各大类中依然可能保留多个可能的起因，如下所示：

☐ 有小孩在商店门口捣乱，影响车的启动。

☐ 某位家庭成员不喜欢香草冰激凌，做了手脚。

□庞迪克车没有足够的汽油，发动机无法正常启动。
□香草冰激凌的某种成分影响庞迪克车的启动。
□冰激凌商店的停车场对庞迪克车的启动有影响。

我们来验证一下以上这 5 个起因能否解释表 3-1 的"是"和"而不是"的两类问题。

表3-1 "庞迪克车对香草冰激凌过敏"案例

四个方面	是	而不是
何事	出现问题的客观体或客观群体是什么？	哪一个客观体或客观群体可能出现问题，但并没有出现问题？
	庞迪克车	其他通用品牌，如别克，雪佛莱等
	它或它们有什么问题？	它或它们可能会有，但并没有的问题是什么？
	买香草冰激凌之后汽车无法启动	买其他冰激凌就没有问题
何处	问题被发现时，该客观体的具体地理位置在哪里？	问题被发现时，该客观体可能处于，但并没有处于的位置是哪里？
	家附近的冰激凌商店门口	家门口，其他商店门口……
	问题出现在该客观体上何处？	问题可能出现在，但并没有出现在客观体上何处？
	启动装置	轮胎，车门，刹车，音响系统……
何时	最初发现问题是在何时？（日期，时间）	最初发现问题可能在，但并没有在何时？（日期，时间）
	第一次在家附近的冰激凌商店买香草口味冰激凌	第一次试车时，第一次停车后，第一次加油时，第一次在其他商店里买香草口味冰激凌（同品牌的）时
	问题何时被再次发现（日期，时间）？有什么发生规律？	问题何时可能被再次发现，但并没有被发现？（日期，时间）

（续表）

四个方面	是	而不是
何时	每次在家附近的冰激凌商店买香草口味冰激凌	N.A.
	在客观体的历史和全过程中，问题何时被最先发现？	在客观体的历史和全过程中，问题何时可能被最先发现，但并没有被发现？
	离开冰激凌商店后启动车	出门启动车
范围	有多少个客观体有问题？	有多少个客观体可能会有，但并没有问题？
	1	N.A.
	一个单一缺陷有多大？	一个单一缺陷可能还有多大，但并没有那么大？
	启动不了，需要等待一会才可以启动	不是一直启动不了了
	一个客观体上有多少瑕疵和缺陷？	一个客观体上可能会有，但并没有多少瑕疵和缺陷？
	N.A.	N.A.
	发展趋势是什么？（就客观体而言？）（就缺陷而言？）	可能会有，但并没有的发展趋势是什么？
	保持不变	减轻，加剧

让我们依次分析各个起因：

● 有小孩在商店门口捣乱，影响车的启动。

不能解释"为什么是买香草冰激凌之后汽车无法启动"而不是"买其他冰激凌之后汽车无法启动"。因为"我"去冰激凌商店买什么冰激凌，商店门外的小孩是不知道的。

● 某位家庭成员不喜欢香草冰激凌，做了手脚。

不能解释"为什么在家附近的冰激凌商店门口无法启动"

而不是"家门口无法启动";或者说无法解释"为什么离开冰激凌商店后启动车有问题"而不是"出门启动车有问题"。因为如果是家人做手脚,当"我"一个人出去买冰激凌时,应该是在出家门时无法启动,而不是买完冰激凌后在冰激凌商店门口无法启动。

● 庞迪克车没有足够的汽油,发动机无法正常启动。

不能解释"为什么是买香草冰激凌之后汽车无法启动"而不是"买其他冰激凌之后汽车无法启动"。因为不可能每次买香草冰激凌时都是汽油不足,而买其他冰激凌时都有足够的汽油。而且有时也会连续 2 天都买香草冰激凌,第一天没有油第二天上班肯定会加油了。

● 香草冰激凌的某种成分影响庞迪克车的启动。

不能解释"为什么第一次在家附近的冰激凌商店买香草口味冰激凌就无法启动"而不是"第一次在其他商店里买香草口味冰激凌(同品牌的)就无法启动"。如果香草冰激凌的某种成分影响庞迪克车的启动,那么在大超市等其他商店买同品牌的香草口味冰激凌应该也会造成车辆无法启动。

● 冰激凌商店的停车场对庞迪克车启动有影响。

不能解释"为什么是买香草冰激凌之后汽车无法启动"而不是"买其他冰激凌之后汽车无法启动"。因为不可能每次买香草冰激凌时都把车停在不好的车位,而买其他冰激凌时都会停到好的车位。

由于以上5个起因都无法解释所有的"是"和"而不是"的两类问题，它们的可能性都为"低"。

对"是"和"而不是"的两类问题的一个个解释如同一层层滤网，凡是能解释所有的"是"和"而不是"的两类问题的起因，就是从这一层层滤网中脱颖而出的可能性高的起因。

在解释"是"和"而不是"的两类问题时，要注意规避以下两个误区：

☐ 改变事实以适合自己所倾向的起因。
☐ 根据自己知道的事实，做出看似合理的假设。

例如，有人可能想维护自己所倾向的"有小孩在商店门口捣乱，影响车的启动"这一起因，为了能解释"为什么是买香草冰激凌之后汽车无法启动"而不是"买其他冰激凌之后汽车无法启动"，而做了"小孩能在商店门外闻到你买了香草冰激凌，这是他最爱吃的冰激凌，你又不分享给他，所以他一生气就在你的车上捣乱"的假设。那么我们应该审视一下这个假设是否合理，如果假设不合理，就应该判定对应的起因可能性为低。当然我们也可以在3.3节"验证真正的起因：定量或定性分析"中去检查这一假设是否真实存在。

3.2.5 利用差异和变化来寻找可能的起因

我们可以通过分析"是"项和"而不是"项的差异来寻找可能的起因。

· 差异的定义：与相对应的每一个"而不是"项比较，"是"项的不同之处是什么。

分析每一个差异是否会引起问题。通过考虑所有的差异，列出所有可能的起因。

我们还可以通过分析"是"项和"而不是"项差异上的变化来寻找可能的起因。

· 变化的定义：围绕着每一个差异发生了哪些变化（包括变化的日期和时间）。

分析每一个变化是否会引起问题。通过考虑所有的变化，列出所有可能的起因。

让我们继续分析在 2.2 节"探究问题"中提及的"庞迪克车对香草冰激凌过敏"案例。基于之前探究出来的"是"项和"而不是"项的信息，我们找到"是"项和"而不是"项的差异，以及在这些差异方面庞迪克车都发生了哪些变化。我们把差异和变化的信息一起呈现在"是"项和"而不是"项的表格中，如表 3-2 所示。

3　起因分析：应对3个挑战

表3-2 "庞迪克车对香草冰激凌过敏"案例之"是"项和"而不是"项差异与变化分析

四个方面	是	而不是	差异	变化	可能的起因
何事	出现问题的客观群体或客观群体是什么？	哪一个客观群体或客观群体可能出现问题，但并没有出现问题？	与相对应的每一个"而不是"项比较，"是"项的不同是什么？	围绕着每一个差异有哪些变化（包括变化的日期和时间）？	通过考虑差异和变化，列出所有可能的起因
	庞迪克车	其他通用品牌，如别克、雪佛莱等	品牌不同，设计不同，零部件不同……	因为国家的排放标准更为严格，发动机最近升级改版了 发动机零部件A的供应商甲今年换成了供应商乙	设计缺陷 零部件缺陷 升级改版后的发动机有缺陷 供应商乙提供的零部件A有缺陷
	它或它们有什么问题？	它或它们可能会有，但并没有的问题是什么？			
	买香草冰激凌之后汽车无法启动	买其他冰激凌就没有问题	口味不同，摆放位置不同		香草冰激凌的某种成分影响庞迪克车的启动

（续表）

四个方面	是	而不是	差异	变化	可能的起因
何处	问题被发现时,该客观体的具体地理位置在哪里? 家附近的冰激凌商店门口	问题被发现时,该客观体可能处于,但并没有处于的位置是哪里? 家门口、其他商店门口、……	停车时间,停车位置,购买的东西,商店布局等不同	最近搬家,换了个社区,经常去新家附近的冰激凌商店买冰激凌	庞迪克车不能在停车后短时间内再启动 停车位置
	问题出现在该客观体上何处? 启动装置	问题可能出现在,但并没有出现在客观体上何处? 轮胎、车门、刹车、音响系统……	启动装置中有发动机	停车后,发动机慢慢冷却	庞迪克车发动机的问题

（续表）

四个方面		是	而不是	差异	变化	可能的起因
何时		最初发现问题是在何时?（日期,时间）	最初发现问题可能在,但并没有在何时?（日期,时间）			
		第一次在家附近的冰激凌商店买香草口味冰激凌	第一次试车时,第一次加油时,在其他商店买香草口味冰激凌（同品牌的）时	停车时间、地理位置、购买的东西、冰激凌商店布局都不同		庞迪克车不能在停车后短时间内再启动 停车位置
		问题何时被再次发现（日期,时间）? 有什么发生规律?	问题何时可能被再次发现,但并没有被发现?（日期,时间）			
		每次在家附近的冰激凌商店买冰激凌	N.A.			
		在客观体的历史和全过程中,问题何时被最先发现?	在客观体的历史和全过程中,问题何时可能被最先发现,但并没有被发现?			
		离开冰激凌商店后启动车	出门启动车	停车时间不同	停了较长时间后,发动机冷却充分	在发动机冷却不充分时,启动会失败

（续表）

四个方面		是	而不是	差异	变化	可能的起因
范围		有多少个客观体有问题？	有多少个客观体可能会有，但并没有问题？			
		1	N.A.			
		一个单一缺陷有多大？	一个单一缺陷可能还有多大，但并没有那么大。			
		启动不了，需要等待一会才可以启动	不是一直启动不了	停车后，需要一些等待时间才可启动	需要一些等待时间，等发动机充分冷却	在发动机冷却不充分时，启动会失败
		一个客观体上有多少瑕疵和缺陷？	一个客观体上可能有，但并没有多少瑕疵和缺陷？			
		N.A.	N.A.			
		发展趋势是什么？（就客观体而言？）（就缺陷而言？）	可能会有，但并没有的发展趋势是什么？			
		保持不变	减轻，加剧			

我们来验证一下表 3-2 中"可能起因"这一列的所有起因能否解释所有的"是"和"而不是"的两类问题。

● 香草冰激凌的某种成分影响庞迪克车的启动。

如上节所说,它不能解释"为什么第一次在家附近的冰激凌商店买香草口味冰激凌就无法启动"而不是"第一次在其他商店里买香草口味冰激凌(同品牌的)就无法启动"。如果香草冰激凌的某种成分影响庞迪克车的启动,那么在大超市等其他商店买同品牌的香草口味冰激凌应该也会造成车辆无法启动。

● 停车位置对庞迪克车启动有影响。

如上节所说,它不能解释"为什么是买香草冰激凌之后汽车无法启动"而不是"买其他冰激凌之后汽车无法启动"。因为不可能每次买香草冰激凌时都把车停在不好的车位,而买其他冰激凌时都会停到好的车位。

我们发现剩下的可能起因中有几个关键词反复出现:设计缺陷(升级改版,零部件 A)、停车后短时间内再启动、在发动机冷却不充分时。所有的关键词可以汇总出一个对起因的描述:庞迪克车的发动机升级改版中存在缺陷,如果停车后短时间内再启动,由于发动机冷却不充分会造成启动失败。

接下来我们的任务就是用下一节 3.3 "验证真正的起因:定量或定性分析"的方法到客观世界中去验证由分析得到的可能性大的起因是否真实存在。

杰克餐厅：确定最有可能的起因

看着昨天下午项目团队一起分析出来的鱼骨图（见图 3-10），山姆很有成就感，自言自语道："应用收敛原则后，留在鱼骨图上的起因已经不多了。那么如何来评估这些起因的可能性呢？"

智能机器人"脑门"似乎是听到了山姆的话，转动着黑轮子来到山姆的面前，白色的眼眶灯闪烁着，似乎是在向山姆优雅地撒娇，暗示山姆可以请教自己。

"呵呵，你这样子挺萌的啊！"山姆意识到眼前的这位智能机器人"脑门"总是可以及时地给出很多非常好的建议，帮助自己成功应对工作中不断遇到的挑战。所以山姆虚心地请教"脑门"："'脑门'老师，请教一下，怎么来评估现在仍留在这张鱼骨图上的这些起因的可能性呢？"

如果没记错的话，这是山姆第一次称智能机器人"脑门"为"老师"，"脑门"白色的眼眶灯闪烁了几圈，似乎在表示接收到了这个友好的信号。

智能机器人"脑门"搜索了一会儿后说："我们可以基于鱼骨图直接评估起因对问题的影响程度，即力度，从鱼骨图现存的这些起因中筛选出可能性高的起因。"

"如何评估，能举个例子吗？"山姆有点不得要领。

机器人"脑门"详细说明："我们可以直接评估还保

留在鱼骨图上的每个起因引发问题的可能性(高,中,低)。我给你举个例子,你看我用激光笔指的鱼骨图区域。"

此时机器人"脑门"的黑眼睛变成了激光笔,绿色的激光束圈出了鱼骨图上"服务员"的鱼刺分支,如图3-13所示。

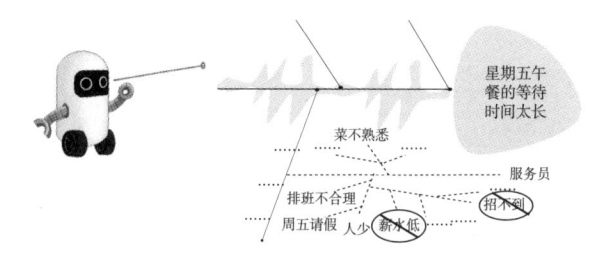

图3-13　鱼骨图"服务员"分支的局部放大

同时"脑门"开始举例说明:"在'服务员'这根鱼刺分支上还留着3个起因,分别是'菜不熟悉''排班不合理''周五请假'。你觉得它们引发问题'星期五午餐的等待时间太长'的可能性分别有多高?"

山姆思索片刻后回答:"我觉得可能性最高的起因应该是'排班不合理',如果周五午餐的顾客多但安排的服务员人数和周一至周四一样多的话,那么每逢周五午餐,顾客的等待时间必然变长。其次是起因'菜不熟悉',餐厅服务员的离职率一般比较高,又考虑到厨房会不定期地推出几个新菜,所以因为服务员对'菜不熟悉',顾客询问菜的配料或做法时服务员无法及时回答,就会增加顾客就餐期间的整体等待时间。起因'菜不熟悉'相对而言的可能性是中。起因'周五请假'的可能性应该比较低,毕竟每周五都有服务员请假的可能性是比较低的。"

"不错，分析得有理有据！"智能机器人"脑门"认可了山姆的分析："你可以在这3个起因旁标注一下它们的可能性高低。"

山姆听从了"脑门"的建议，分别给'排班不合理''菜不熟悉''周五请假'这3个起因标注了可能性高（H）、中（M）、低（L）。如图3-14所示。

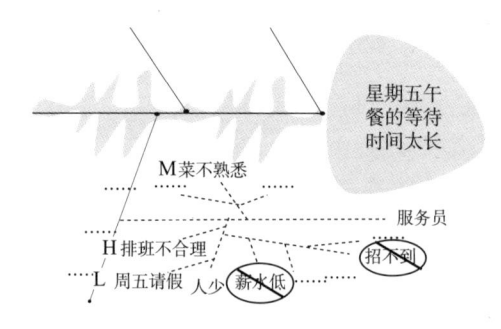

图3-14　鱼骨图"服务员"分支的局部放大，标注了起因的可能性

山姆喝了口茶，歇了歇，开始端详起鱼骨图上"顾客"的鱼刺分支，如图3-15所示。

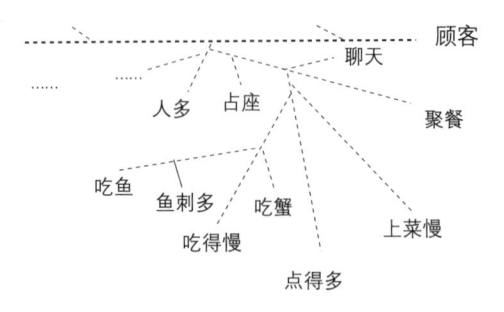

图3-15　鱼骨图"顾客"分支的局部放大

3 起因分析：应对3个挑战

"在'顾客'这根鱼刺分支上还留着不少起因，难道也是这样逐一评估每个起因引发问题的可能性吗？"山姆有些犹豫或者说是困惑。

智能机器人"脑门"似乎又搜索了一会儿，白色眼眶灯闪烁了一下后说："在同一根鱼刺里，我们可以进行概率推演。你打开电子邮箱，看一下我刚才发给你的电子邮件。我分享了一个模型给你。"

原来智能机器人"脑门"之前白色眼眶灯闪烁的那一下是给山姆发了一封电子邮件。山姆打开电子邮箱，找到了刚收到的电子邮件，点开了邮件附件里的模型图片，如图3-16所示。

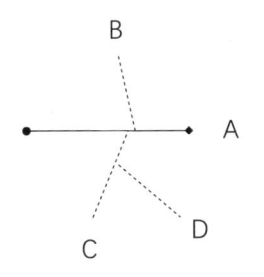

图3-16 概率推演模型

机器人"脑门"看到山姆打开了邮件中的模型图片后，继续解释说："因素B和因素C在因素A的鱼刺分支上，表示B、C都会导致A发生，且有充分的因果关系。如果因素A发生的可能性为'中'，那么由A衍生出来的因素B、因素C的可能性最高就是'中'，甚至为'低'。即因素B、因素 C 的可能性不会超过因素 A 的可能性。某根鱼刺分支上的起因的可能性不会超过该根鱼刺的可能性。"

在讲授完分析方法后,"脑门"开始提问了:"根据你去餐厅调研的情况分析,起因'周五午餐顾客人多'的可能性有多高?"

"根据我们的调研数据,这家餐厅每周五中午的顾客人数的确较周一至周四增加不少,所以起因'周五午餐顾客人多'的可能性应该是高。"山姆边翻看着餐厅的调研信息边回答。

"既然人多的可能性是高,那么它的鱼刺分支上的起因的可能性'高''中''低'的可能都有。"机器人"脑门"回应了一下山姆的分析后继续追问:"那么请你继续根据调研情况判断一下:周五中午每十桌里有几桌是聚餐的?两人以上一起吃饭就算聚餐了。"

"我们这里有收银系统导出的数据,让我查一下。"山姆有点庆幸之前与项目团队成员一起对杰克餐厅的业务情况做了深入的调研。"找到了!周五中午的收银记录显示就餐人数在两人以上的比例为六成左右,每十桌差不多有六桌是聚餐的!"

山姆还是有点困惑:"每十桌差不多有六桌是聚餐的,可能性大小应该怎么标注呢?"

智能机器人"脑门"答道:"可以按 0 至 1 算 L-,2 算 L,3 算 L+,4 是 M-,5 是 M,6 是 M+,7 为 H-,8 为 H,9 至 10 为 H+ 来标注。"

"那每十桌差不多有六桌,鱼刺分支上的'聚餐'的可能性是 M+ 了。"山姆找到了合适的可能性标注。

"如果周五午餐聚餐的可能性是 M+,那么它的鱼刺分支上的可能性不会超过 M+ 了。根据你的统计信息,你再评估一下图 3-15'聚餐'鱼刺上的起因'占座'、'聊天'和'点得多'的可能性是多少。"作为良师益友,机器人"脑门"继续启发着山姆。

"聚餐时出现占座的情况并不多见,所以起因'占座'的可能性应该是 L(低)。如果聚餐,一般顾客都会聊天,所以起因'聊天'的可能性应该和'聚餐'一致,是 M+。如果聚餐,因为人多总会多点几个菜,所以起因'点得多'的可能性也应该和'聚餐'一致,是 M+。"山姆开始有点领悟"在同一根鱼刺里进行概率推演"的思维方式了,并继续着自己的推理,"我们继续分析图 3-15,'点得多'的可能性是 M+,那么起因'上菜慢'和'吃得慢'的可能性应该也是 M+。就是说每十桌差不多有六桌是聚餐,会点得多而且吃得慢,但有几桌会点鱼或点蟹呢?"

"我再看看收银的统计信息里有没有线索。哦,看到了!"山姆甚至对自己调研得到的信息的价值有点骄傲和自豪了,"收银条信息的统计显示,聚餐时点鱼的比例有一半左右,点蟹的比例只有不到一成。也就是说每十桌里有六桌是聚餐的,但点鱼的可能性是三桌左右,算 L+,而点蟹的可能性是一桌,甚至不到一桌,算 L-。进一步分析点鱼的顾客中会点鱼刺较多的鱼的可能性,比如鲫鱼或白水鱼属于鱼刺比较多的鱼,数据显示比例很少,不到一桌,所以可能性是 L-。"

智能机器人"脑门"学了下山姆的口头禅:"Bingo!你概率推演得越来越顺了。请继续在每个可能的根源性起因旁标注一下它的可能性高低吧!"

山姆一边回顾着自己刚才的概率推演,一边在如图 3-17 所示的鱼骨图分支上分别给每个起因标注了可能性高(H)、中(M)、低(L)。

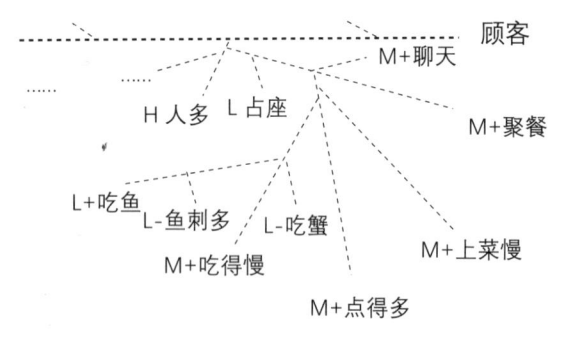

```
              顾客
         M+聊天
   H人多 L占座
              M+聚餐
 L+吃鱼
    L-鱼刺多 L-吃蟹
      M+吃得慢        M+上菜慢
           M+点得多
```

图3-17 标注了可能性的鱼骨图展示(局部)

"在同一根鱼刺里,因为要素之间有因果关系,所以可以做概率的推演。但如果在不同的鱼刺分支上,比如一个起因在'人员'的分类里,另一个起因在'机器'的分类里,那我们应该怎么分析或比较它们的可能性高低呢?"在理解了如何评估同一根鱼刺里的多个起因的各自的可能性后,山姆开始思考如何评估不同鱼刺上的起因。

智能机器人"脑门"称赞了山姆一句:"好问题!"

随后"脑门"接着解释:"评估不同鱼刺分支上起因的重要性时,可以使用'相互关系有向图'即'ID 图'的方法。然后在这些起因中,寻找因果关系或相互影响关系,并用有向箭头标明(B→A 表示:B 导致 A 或 B 影响 A)。统计每个起因的流出和流入的箭头数目,流出箭头数目最多的起因具有更高的重要性。"

机器人"脑门"的一双黑眼睛又变成了一对激光笔,发出的 2 道激光束分别圈出了鱼骨图中"人"的鱼刺分支上的"点得多"和"机"的鱼刺分支上的"冰柜小"。如图 3-18 所示。

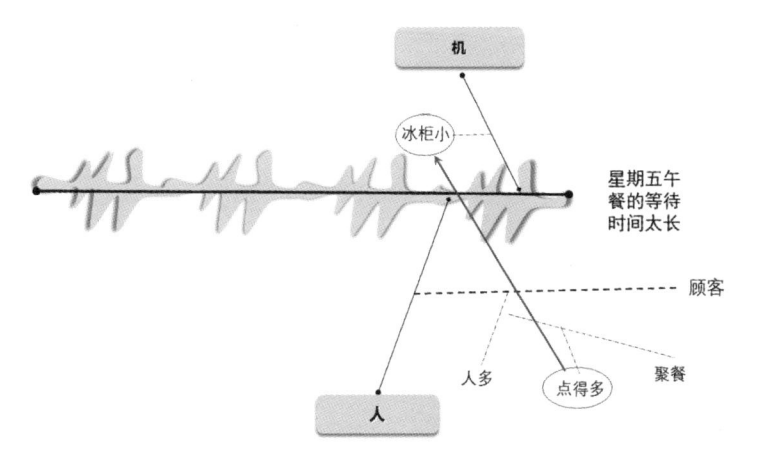

图3-18 鱼骨图之相互关系有向图分析

"山姆,你判断一下'顾客聚餐时点菜多'和'冰柜小'这两个起因哪个重要?"机器人"脑门"抛出问题。

山姆思索了片刻,开始阐述起自己的思考:"根据我们的调研，杰克餐厅是在周末采购食材并补充到冰柜，那么由于周一至周四的消耗，周五中午顾客聚餐时点得多就容易因冰柜小而造成某些食材不足。所以按相互关系去分析，那么应该是'点得多'会凸显'冰柜小'这个问题。所以起因'点得多'的重要性比'冰柜小'高。"

"回答正确！"智能机器人"脑门"称赞了山姆的分析并补充道："所以一些餐厅会考虑抑制顾客点菜时的随意性。为了避免顾客点短缺的食材，餐厅会出台一些优惠套餐促使顾客去点冰柜里有的食材。鉴于厨房空间有限，选择更换更大的冰柜有时不是最好的解决方法，而且就算换成大冰柜，也可能出现部分食材短缺的情况。"

山姆一边点头，一边继续梳理着留在鱼骨图上的起因……

3.3 验证真正的起因：定量或定性分析

通过前面两节介绍的全面性和最有可能性的分析工作，我们遴选出了少数几个可能性最高的起因。目前还保留着的这几个起因是在逻辑上可能性最高的，接下来我们应该在客观世界中去验证这些可能性最高的起因是否真实存在，是否与我们关心的问题之间存在真实的因果关系。因为逻辑上存在不代表客观世界中真实存在，逻辑上存在的因果关系不代表在客观世界中也真实存在。

我们接下来要展开的这个步骤，就像验证作案嫌疑最大的犯罪嫌疑人是否在案发现场出现过。如果能在案发现场找到犯罪嫌疑人的脚印、血迹、DNA等，甚至找到带有犯罪嫌疑人指纹的作案凶器或其他作案证据，那么这对我们确认犯罪嫌疑人是不是真正的凶手是至关重要的。

在上一节3.2"确定最有可能的起因: 5种方法"中分析了"庞

迪克车对香草冰激凌过敏"案例，通过反复出现的几个关键词，我们总结出了关于起因的描述：庞迪克车的发动机在升级改版时存在缺陷，如果停车后短时间内再启动，由于发动机冷却不充分造成启动失败。那么接下来我们就要去验证这个起因是否真实存在。

庞迪克的工程师在测量了客户在家附近的冰激凌商店里购买不同口味冰激凌的时间后发现，购买香草冰激凌的时间的确比购买其他口味的冰激凌的时间要短。

工程师跟随客户进店探究后发现香草冰激凌是单独摆放在一个冰柜里的，而且这个冰柜就放在收银柜台旁边。因为香草冰激凌是所有冰激凌中最畅销的口味，店家为了方便顾客拿取，就将其单独陈列在一个冰柜里，并将该冰柜放置在收银柜台旁边；至于其他口味的冰激凌，则是放置在距离收银台较远的位置，而且是多个品牌和多种口味的冰激凌混放在不同的冰柜里。所以客户在购买香草冰激凌时，打开收银柜台旁的冰柜拿了香草冰激凌就可以转身付钱了。如果客户要购买其他口味的冰激凌，就需要走到商店深处的冰柜旁，而且还得在几个冰柜里翻找要买的口味，所以购买时间会久一些。

当这位客户购买其他口味时，由于购买时间较久，引擎有足够的时间散热，重新发动时就没有太大的问题。但是当这位客户购买香草口味时，由于购买时间较短，引擎太热且没有足够的散热时间，会造成发动机的"蒸汽锁"现象。

所谓的"蒸汽锁"现象，是指因为发动机过热，汽油在到达喷油嘴之前就汽化了，所以无法达到发动机需要的状态，从而导致发动机无法启动。庞迪克的设计工程师们需要改善发动机的设计，比如用高压避免汽化，或者要求客户使用沸点更高的汽油等。

"庞迪克车对香草冰激凌过敏"这一案例促使庞迪克的设计工程师改进了其汽车发动机的散热功能和密封性。

除了到现实中去验证起因是否真实存在，本节还会介绍一些定性和定量的分析方法，希望能够帮助大家验证这些可能性最大的起因在所关心的问题中是否真实存在。

让我们先介绍定量的分析方法——散点图分析。

1. 定量证实方法

定量证实方法的步骤如下：

- 针对最有可能的起因收集数据；
- 运用散点图来分析所选起因和问题的相关性；
- 如果起因验证失败，回到因果关系图并选择一个新的可能的起因进行验证。

如图 3-19 所示，散点图的横轴是起因，纵轴是问题。我们发现随着起因的数量增加，问题的数量也越来越多。这说明起因在现实中的确造成了问题的增加，它们的因果关系在客观世界中是存在的。

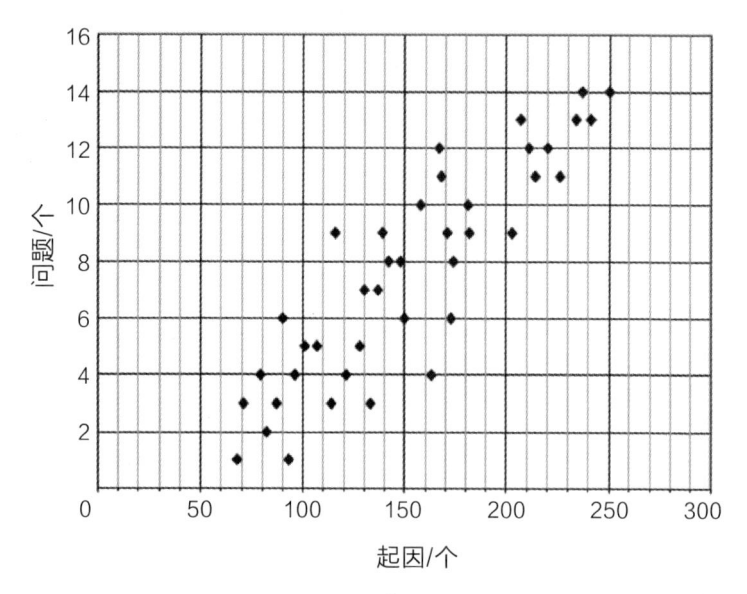

图3-19 散点图分析一

我们也可以举个反例。如图3-20所示，散点图的横轴是起因，纵轴是问题。我们发现随着起因的数量增加，问题的数量并没有增加或者发生有规律的变化。这说明在现实中起因与问题之间没有相关性。虽然这个起因在之前的逻辑分析中可能性较高，但是现在我们可以认为这个起因和我们所关心的问题之间关联性不大，它们的因果关系在客观世界中不存在。

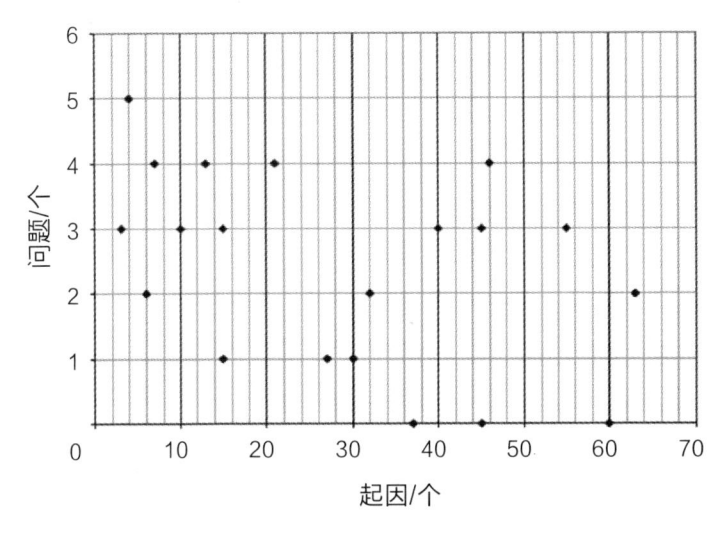

图3-20 散点图分析二

2. 定性证实方法

在缺乏数据时,我们也可以使用定性的分析方法。

☐ 假设证实——检查你所做出的假设。如果所有假设都成为事实,你可能找到了问题的真正起因。

在"庞迪克车对香草冰激凌过敏"案例中,如果你怀疑有小孩在商店门口捣乱,影响车的启动——为了能解释"为什么是买香草冰激凌之后汽车无法启动"而不是"买其他冰激凌之后汽车无法启动",你做了"小孩能在商店门外闻到你买了香草冰激凌,这是他最爱吃的冰激凌,你又不分享给他,所以他一生气就在你的车上捣乱"的假设——那么你可以随机地在商店里拿取不同口味的冰激凌,检查一下是否每次拿取香草冰激凌时小孩都能发觉。

□ 研究证实——通过试验，看能否通过最有可能的起因来重复产生问题。

在"庞迪克车对香草冰激凌过敏"案例中，如果你需要证实"是因为停车后短时间内再启动，发动机冷却不充分造成启动失败"而不是"香草冰激凌的某种成分影响庞迪克车的启动"，那么我们可以尝试在买完香草冰激凌后在商店里待上几分钟，然后再离店去启动车。如果车的确启动了，说明停车时间太短、发动机冷却不充分会造成启动失败的起因是真实存在的，而且的确不是香草冰激凌的某种成分影响庞迪克车的启动。或者我们可以进冰激凌商店但不买任何冰激凌，很快离店去启动车，如果车的确也启动不了，这也说明停车时间太短，发动机冷却不充分会造成启动失败的起因是真实存在的。

□ 结果证实——试着解决问题，然后观察效果，看问题是否消失。

在"庞迪克车对香草冰激凌过敏"案例中，因为发动机的设计改善需要较长的实施时间，如果客户接受了庞迪克工程师的建议而使用了沸点更高的汽油，发动机的"蒸气锁"现象就消失了，客户再去家附近的冰激凌商店买香草冰激凌后启动汽车也就正常了。这也证实了庞迪克的这款汽车发动机的散热功能和密封性需要改进。

杰克餐厅：验证真正的起因

在智能机器人"脑门"的帮助下，山姆在鱼骨图上梳理出了几个可能性高的起因。

"'脑门'老师，我们接下来应该怎么推进问题的分析和解决呢？"山姆请教道。

"接下来我们应该去验证这几个可能性高的起因是否真实存在，是否与我们关心的问题之间存在真实的因果关系。因为逻辑上存在不代表客观世界中真实存在，逻辑上存在的因果关系不代表在客观世界中也真实存在。"机器人"脑门"可能觉得自己说得有点抽象，继续补充解释说："这个步骤如同在确定了作案嫌疑最大的犯罪嫌疑人后，去验证该犯罪嫌疑人是否在案发现场出现过，能否在案发现场找到犯罪嫌疑人作案的凶器和作案的证据。"

"给你举个例子吧。请看下图所示的区域。"机器人"脑门"的黑眼睛射出的绿色激光束圈出了鱼骨图上"服务员"的鱼刺分支，如图3-21所示。

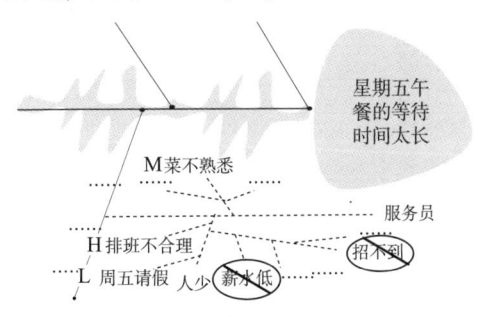

图3-21 鱼骨图之"服务员"鱼刺分支

"在'服务员'这根鱼刺分支上,'排班不合理'的可能性为'高'和服务员'对菜不熟悉'的可能性为'中'。"机器人"脑门"向山姆提问:"我记得你们之前调研的信息里有排班、服务员入职时间和抱怨次数的数据统计,是吗?"

"嗯,我记得当时调研过这些信息。"山姆打开手提电脑,在调研的文件夹里寻找着数据文件。

"找到统计数据了!"山姆兴奋地喊了一声:"'脑门'老师,你看这两张表格。"

机器人"脑门"顺着山姆手指的方向,看到电脑屏幕上有2张数据表格,如表3-3和3-4所示。

表3-3 排班和抱怨次数的数据统计

顾客与服务员的人数比率	抱怨次数
18.60	1
19.20	4
16.60	3
24.70	6
25.90	10
18.00	6
17.80	5
27.60	9
27.20	4
28.25	11
16.40	2
20.30	8
24.70	8
27.80	12
23.00	13
31.25	14

（续表）

顾客与服务员的人数比率	抱怨次数
17.40	3
24.40	9
21.30	5
28.25	13
20.20	5
22.80	7
26.30	10
26.00	9
21.00	11
17.00	1
22.80	3
19.30	9
29.60	14
30.10	13
17.75	3
17.30	4
21.67	7
26.40	12
30.60	11
19.75	4
21.40	6
21.75	8
25.40	9
27.50	12

表3-4　服务员入职时间和抱怨次数的数据统计

工作年限	抱怨次数
5.7	3
5.6	5
2.7	3
0.7	4
2.6	1
4.8	1

（续表）

工作年限	抱怨次数
5.3	3
3.0	3
0.6	2
0.1	5
6.0	0
0.3	3
4.6	4
3.8	2
2.1	4
1.3	4
4.2	0
1.5	1
1.0	3
3.5	0

"表格3-3是4周40个班次的统计，每个班次上平均每个服务员服务顾客的人数对应这个班次被客户抱怨的次数。"山姆解释了一下："表格3-4是所有服务员的入职时间和在一周内被客户投诉的次数。"

"有了这些数据，我们可以用散点图这一工具去分析起因与问题之间的相关性。"智能机器人"脑门"指导山姆："我们可以分别以'顾客与服务员的人数比率'和'工作年限'为横轴，纵轴就是各自对应的抱怨次数。然后，把表格中的数据按横轴和纵轴一个个点画上去。你可以打开Excel软件在图表里选择散点图，Excel会根据数据自动生成散点图的。"

山姆按照机器人"脑门"的指导，在Excel里设定"顾客与服务员的人数比率"数据为横轴，再设定顾客的"抱怨次数"数据为纵轴，选择散点图工具首先生成了以"顾客与服务员人数比率"为横轴的散点图，如图3-22所示。

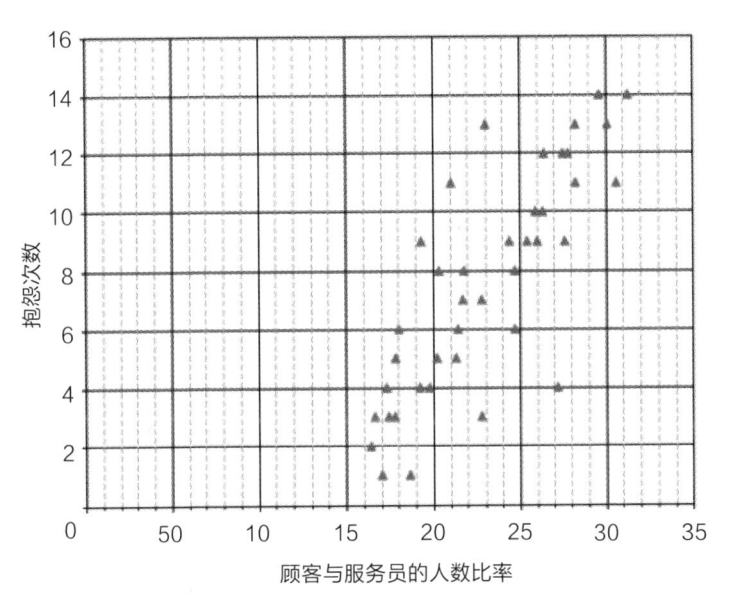

图3-22 散点图分析之"顾客与服务员的人数比率"

"山姆，你来说说，在这张散点图上，你都看到了哪些信息？"机器人"脑门"问。

山姆仔细地端详着散点图，沉吟片刻后说："随着服务员人均服务顾客数这一比率的上升，抱怨次数也相应有上升的趋势。顾客与服务员的人数比率越高，说明这个班次越忙。这张散点图说明在这家杰克餐厅，服务员越忙时，餐厅被顾客抱怨的次数的确越多。"

"你分析得很对。我补充几点：如果你仔细观察横轴数据的分布，就会发现服务员人均服务顾客数最小是16.40，而最大是31.25，最大比率比最小比率几乎翻了一倍，这说明服务员的工作量，在忙的班次和不忙的班次相差1倍左右。你觉得这样的排班合理吗？"机器人"脑门"启发着山姆。

"忙的班次的工作量是不忙的班次的工作量的两倍左右，这说明排班不合理！"山姆觉得被机器人"脑门"这么一解释，这个问题的答案是显而易见的。

机器人"脑门"接着补充道："那么横轴的数据大范围抖动，说明排班不合理这个起因在这家杰克餐厅里是真实存在的。再按你之前的分析，顾客与服务员人数的比率越高，既可以理解成班次越忙，也可以理解成排班越不合理，对应的抱怨次数呈现的上升趋势说明排班不合理这个起因的确会造成顾客抱怨次数增加，排班越不合理那么顾客抱怨越多！"

"嗯……"山姆陷入了思考。

"我用散点图分析一下'对菜不熟悉'这个起因吧。"山姆感觉散点图能提供的信息量很大，所以对它产生了强烈的好奇心。

山姆操作着Excel，设定'工作年限'的数据为横轴，纵轴的数据源依然是顾客的"抱怨次数"，然后选择散点图工具生成了以'工作年限'为横轴的散点图，如图3-23所示。

山姆仔细观察着散点图，吸了口气后幽幽地说："看

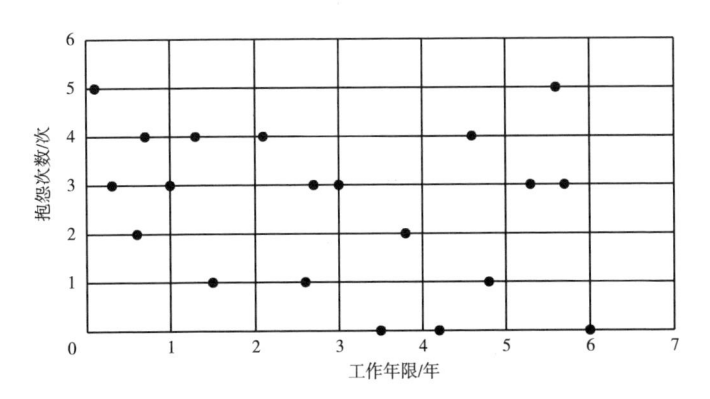

图3-23 散点图分析之"工作年限"

来服务员'对菜不熟悉'这一起因在杰克餐厅不存在。如果是服务员'对菜不熟悉'这一起因造成顾客抱怨，那么工作年限越久，该服务员对餐单和菜的用料应该越熟悉，相应导致的顾客抱怨次数应该越少。'脑门'老师，您看这张散点图。从杰克餐厅统计到的数据来看，随着服务员的工作年限的增加，对应的顾客抱怨次数并没有相应减少。这说明服务员'对菜不熟悉'这一起因与顾客抱怨人数次数之间没关系。"

智能机器人"脑门"的白色眼眶灯闪烁了几下绿光，认可了山姆的分析："山姆，你刚才的分析思路很清晰。那么继续用散点图这一分析工具去分析目前在逻辑上依然是可能性高的其他起因吧。"

山姆感受到了获取新知识后的兴奋，拿出手机点了杯海盐芝士拿铁，准备把鱼骨图上的几个可能性高的起因都做下散点图分析，以验证起因与问题之间的相关性。

4

解决方法：5个步骤

通过验证可能性高的起因是否客观存在，我们找到了真正的起因。但是如果未能找到正确的解决方法，我们依然无法成功地解决问题。

在寻找解决方法时，不建议凭"感觉"或者完全依赖经验。因为当下遇到的问题与之前经验所对应的问题可能是不同的，或者两个问题各自对应的起因可能是不一样的，又或者此时的内外部环境与彼时已不一样了，那么之前的解决方法可能已经不是当下最好的解决方法了，甚至是错误的解决策略，将导致有待解决的问题恶化。

就如同今天的患者虽然与之前的患者的症状相似，但不一定选择相同的治疗方案。或许两个患者的表面症状相似，但各自的病因不完全一样，所以需要使用不同的药物。又或许两位患者的体质不同，适合之前患者的治疗手段不一定适合现在的患者。又或许现在有了新的治疗设备和新的药物，所以现在的这位患者可以获得更好的治疗方案。仅凭经验而简单采用之前患者的治疗方案，可能治疗效果不尽如人意，甚至使现在患者的病情延误和恶化。

在寻找解决方法时，需要考虑多种解决策略，从中选出最佳的解决方法，甚至是几种解决方法的组合。有时可能任何一种解决方法都有瑕疵，这时选择几种互补的解决方法组成的解决方法的组合，则可能没有明显的瑕疵。

就如同为了尽快地治愈患者，医生既可以使用西医的治疗方法，也可以同步使用中医辨证治疗方案。我的一位家人曾经患了多发肺结节（类似于一个问题群），医生既采用微创的冷冻消融手术来消灭高危病灶（类似于先解决主要问题），又要求患者服用中药来改善肺部环境，以提升免疫力。多种治疗方法的组合使用，是治疗多发肺结节的最佳解决方案。

如果我们在寻找解决方法阶段没有思路和方法，就如同我们发现了火情，找到了起火点，结果发现自己没有灭火工具。

所以我们在本章中会介绍 5 个步骤帮助大家去寻找和选定解决方法：

第一步，**选定类型**；

第二步，**找出方法**；

第三步，**选出最佳**；

第四步，**降低难度**；

第五步，**计划执行**。

考虑到可能的风险，通常在解决方案中还需要准备预防措施、启动机制和应急措施。关于这方面的内容，本书会在第六章"标准化并推广"中详细介绍。

4.1　选定类型：3 种类型

在寻找解决方法前，我们需要根据问题的性质来选定合适的解决方法的类型。

解决方法一般分为 3 种类型：

- 根除性措施，即针对根源性起因的解决方法，可以一劳永逸地消除问题，避免此类问题再次发生。
- 临时性措施，即可以暂时抑制问题影响的解决策略。临时性措施并非永久的，只是一种临时手段，一旦找出问题的根源性起因并具备实施根除性措施的条件，便不再使用临时性措施而替换为根除性措施。当实施根除性措施遇到不可控的风险时，也可能会用临时性措施暂时替换根除性措施，等待根除性措施优化后被再次实施的时机。在生活中，临时性措施的例子很多。比如竹竿断了，可以用绳子或胶带绑一绑继续使用一段时间。但是绳子或胶带绑起来的断了的竹竿不能长期使用，因为它不久又会断。

☐ 应付性措施，即让人们能够在问题依然存在的情形下抑制问题影响的解决策略。应付性措施是可以长期使用的。在生活中，应付性措施的例子也很多。比如浴缸上的水龙头坏了。我们可以在不修复水龙头的情况下，用淋浴的花洒放水；而且这个应付性措施可以长期使用。

让我们来举个例子进一步理解这3种类型的解决方法的差异。

这几年时有暴雨造成城市内涝导致窨井盖被冲走，并发生了多起路人掉进下水道的事件。根除性措施就是研发生产并安装不会被大水冲走的窨井盖。但根除性措施的实施需要技术上的支持，也需要相关厂商的配合。

如果技术不足，那么根除性措施可能无法及时地开展。如果相关厂商不愿意，那么就算技术上可行，根除性措施依然无法真正地实施。此时，我们可以考虑先实施临时性措施或应付性措施来抑制问题的影响。

有些地方政府会采取临时性措施。比如前几年北京曾遭遇特大暴雨，当时海淀区北太平桥下的马路中央的几个窨井盖被雨水冲开。当地环卫所马上派出数名环卫工人一人把守一个窨井，提醒过往的行人，为车辆做出安全的指引。这个方法虽可以应对这一场雨，避免窨井盖被雨水冲开这一问题造成的伤人事件和交通事故，但不能长期使用。因为下次暴雨如果被雨水冲开的窨井盖太多，环卫工人不够怎么办？就算环卫工人数量充足，如果碰到梅雨季节，三天两头下暴雨，环卫工人不堪重负而不愿雨天出来执勤怎么办？就算环卫工人愿意配合，如果有些窨井盖被大水冲开，但没能被及时发现，结果还是发生伤人事件和交通事故怎么办？

所以也有些地方政府会采取应付性措施，就是在窨井盖下设置尼龙防坠网。这样的尼龙防坠网才几块钱一张，没人会偷。而这种防坠网安装也极其简单，就是用铁钩挂住，且拉钩都嵌在井壁里，承受力大。防坠网为尼龙材质，能承受600多斤的物体，完全可以接住坠下的人员。以后暴雨时，城市的窨井盖被大雨冲开的问题可能依然存在，但是问题的影响被有效抑制，所以这个方法可以长期使用。成都、合肥、郑州等城市都在窨井盖下方配置了这种尼龙防坠网。

根除性措施、临时性措施和应付性措施在应对不同问题时，是可以组合使用的，它们的作用是相辅相成的。具体选择哪种类型的解决方法，必须充分考虑问题的持续时间、当前的影响范围和未来可能造成的损失和危害，确保选定的解决方法类型是合理和有效的。

在一些行业中，凡是涉及安全和合规等方面的问题的，一般不接受临时性措施，甚至不接受应付性措施，那么只能寻找根除性措施。

4.2 寻找方法：2个工具

如果我们找到了真正存在的根源性起因，但却苦于没有思路或缺乏资源而找不到解决方法，那就如同我们搜索到火情，发现了起火源头，但却没有灭火工具。

这时我们需要一些思维工具来帮助我们找到解决方法，避免没有思路的状况发生。在缺乏资源的情况下，我们依然努力地去寻找解决方法；虽然解决方法不一定是完美的，但至少可以推动问题的缓解或情况的好转。

寻找解决方法的思维技巧有很多，本书介绍两个比较实用的思维工具，即驱动因素分析法（force field analysis）和SWOT分析法（SWOT analysis）。

4.2.1 驱动因素分析法

先确定支持和阻碍解决问题的力量和因素，以便使积极的因素得到加强，消极的因素得以减少，甚至消除。具体做法如下：

- 在白板纸上画一个稍微露头的"T"，分出左侧和右侧区域；
- 识别支持或阻碍解决方法的驱动因素，在左侧区域里罗列支持性的正面驱动因素，在右侧区域里罗列阻碍性的负面驱动因素；
- 优选最佳支持性的正面驱动因素进行巩固；
- 选出最大阻碍性的负面驱动因素进行消除；
- 寻找具备一个或多个最佳支持性的正面驱动因素且规避所有的最大阻碍性的负面驱动因素的解决方法。

例如，如果我们发现工作汇报的效果不好的原因是自己口头表达时逻辑不清晰且无法提起听众的兴趣，那么可以通过驱动因素分析法来寻找解决方法。

针对"口头表达时逻辑不清晰且无法提起听众的兴趣"这两个原因，我们可以罗列出所有的支持和阻碍问题解决的驱动因素。画"T"字分出左侧和右侧区域。在左侧区域里罗列支持性的正面驱动因素，并优选出几个最佳的支持性正面驱动因素；在右侧区域里罗列阻碍性的负面驱动因素，并选出几个最大阻碍性的负面驱动因素。

如图4-1所示，在左侧区域里罗列的4个因素就是优选出来的最佳支持性的正面驱动因素，而其他的正面驱动因素用省略号代表。在右侧区域里罗列的 4 个因素就是选出的最大阻碍性的负面驱动因素，而其他的负面驱动因素也用省略号代表。

+ Driving Forces 正面驱动因素	- Restraining Forces 负面驱动因素
精彩的开场白和结尾	自己忘词
梳理汇报内容的逻辑，让听众有兴趣、能理解、记得住	内容太多，要点太多，听众记不住
能带给听众收益或帮助听众看到新的视角	听众犯困了
增加互动，了解听众的想法和反馈	听众对汇报内容不感兴趣
……	……

图4-1　驱动因素分析法示例

接下来，让我们来逐一分析每一个最佳支持性的正面驱动因素能否规避所有的最大阻碍性的负面驱动因素。

如图 4-2 所示，准备"精彩的开场白和结尾"可以避免"听众犯困了"和"听众对汇报内容不感兴趣"这两个最大阻碍性的负面驱动因素，但是无法避免"自己忘词"或"内容太多，要点太多，听众记不住"这两个最大阻碍性的负面驱动因素。

+ Driving Forces 正面驱动因素	− Restraining Forces 负面驱动因素
精彩的开场白和结尾	自己忘词
梳理汇报内容的逻辑，让听众有兴趣、能理解、记得住	内容太多，要点太多，听众记不住
能带给听众收益或帮助听众看到新的视角	听众犯困了
增加互动，了解听众的想法和反馈	听众对汇报内容不感兴趣
……	……

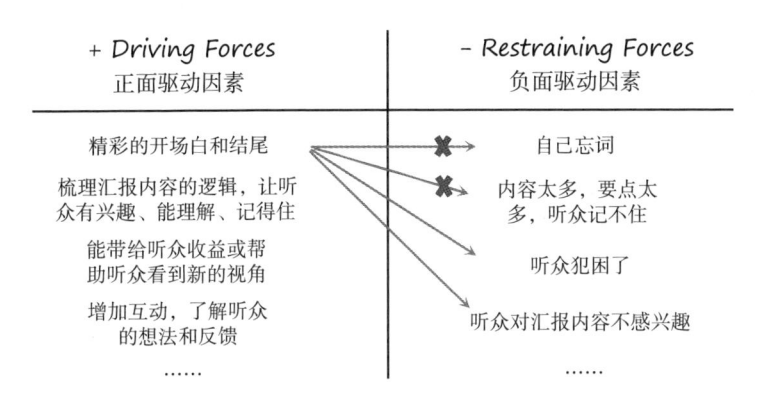

图4-2　驱动因素分析法之逐一分析（1）

接着，我们分析一下"梳理汇报内容的逻辑，让听众有兴趣、能理解、记得住"这一最佳支持性的正面驱动因素能否规避所有的最大阻碍性的负面驱动因素。

如图4-3所示，"梳理汇报内容的逻辑，让听众有兴趣、能理解、记得住"这一最佳支持性的正面驱动因素能规避所有的最大阻碍性的负面驱动因素，所以该解决方法是可行的。（如果读者对这方面的知识比较感兴趣，可以学习一下我的"逻辑系列丛书"的第一本《逻辑表达：高效沟通的金字塔思维》。）

+ Driving Forces 正面驱动因素	- Restraining Forces 负面驱动因素
精彩的开场白和结尾	自己忘词
★ 梳理汇报内容的逻辑，让听众有兴趣、能理解、记得住	内容太多，要点太多，听众记不住
能带给听众收益或帮助听众看到新的视角	听众犯困了
增加互动，了解听众的想法和反馈	听众对汇报内容不感兴趣
……	……

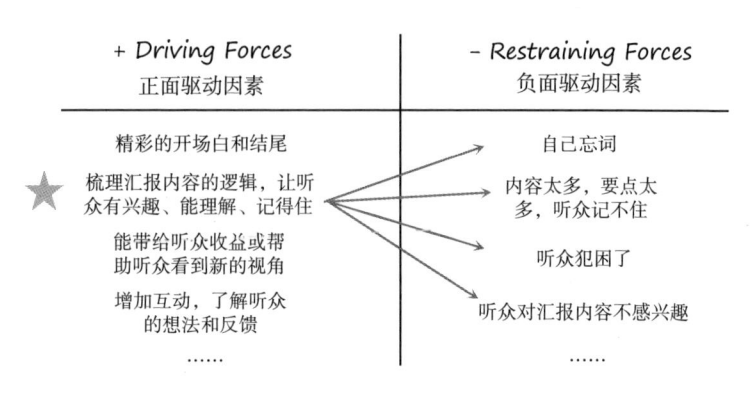

图4-3　驱动因素分析法之逐一分析（2）

我们继续分析"能带给听众收益或帮助听众看到新的视角"和"增加互动，了解听众的想法和反馈"这两个最佳支持性的正面驱动因素，发现它们也无法规避所有的最大阻碍性的负面驱动因素，如图4-4和4-5所示。

+ Driving Forces 正面驱动因素	- Restraining Forces 负面驱动因素
精彩的开场白和结尾	自己忘词
梳理汇报内容的逻辑，让听众有兴趣、能理解、记得住	内容太多，要点太多，听众记不住
能带给听众收益或帮助听众看到新的视角	听众犯困了
增加互动，了解听众的想法和反馈	听众对汇报内容不感兴趣
……	……

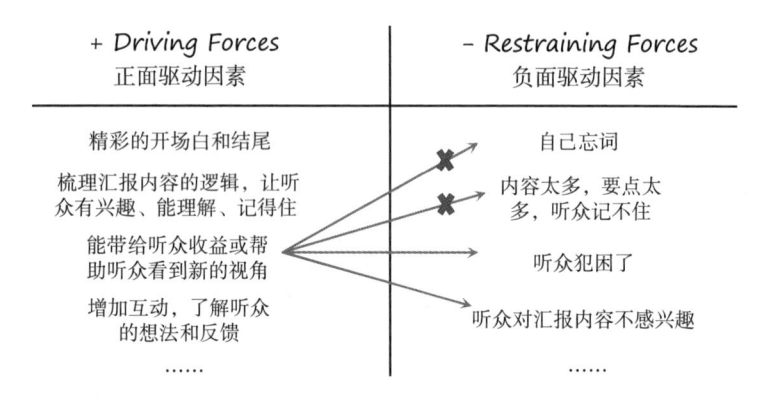

图4-4　驱动因素分析法之逐一分析（3）

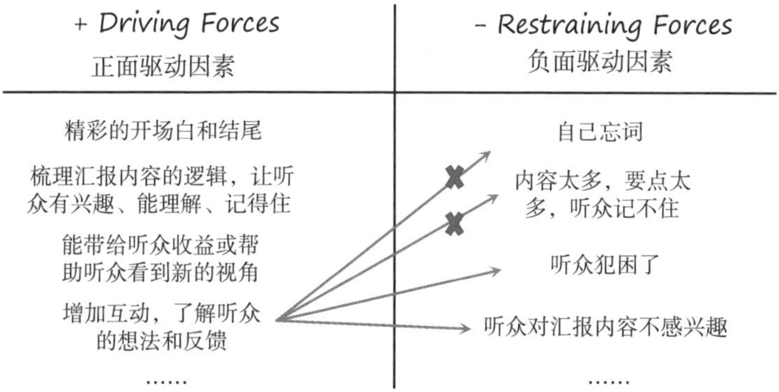

+ Driving Forces 正面驱动因素	- Restraining Forces 负面驱动因素
精彩的开场白和结尾	自己忘词
梳理汇报内容的逻辑，让听众有兴趣、能理解、记得住	内容太多，要点太多，听众记不住
能带给听众收益或帮助听众看到新的视角	听众犯困了
增加互动，了解听众的想法和反馈	听众对汇报内容不感兴趣
……	……

图4-5 驱动因素分析法之逐一分析（4）

根据驱动因素分析法的逐一分析，就这个例子而言，"梳理汇报内容的逻辑，让受众有兴趣、能理解、记得住"是最佳解决方法。

如果用一个成语概括驱动因素分析法就是"扬长避短"，更准确地说，"扬最长避所有的最短"的解决方法应该就是可行的解决方法，甚至可以说是较好的解决方法。

4.2.2 SWOT分析法

SWOT分析法（也称道斯矩阵，TOWS matrix），是20世纪80年代初由美国旧金山大学的管理学教授韦里克提出的。从应用的角度看，SWOT分析是一个应用广泛的工具（见图4-6），包括分析组织或自己的内部优势（strengths）、内部劣势（weaknesses）、外部机会（opportunities）和外部威胁（threats）。具体说明如下：

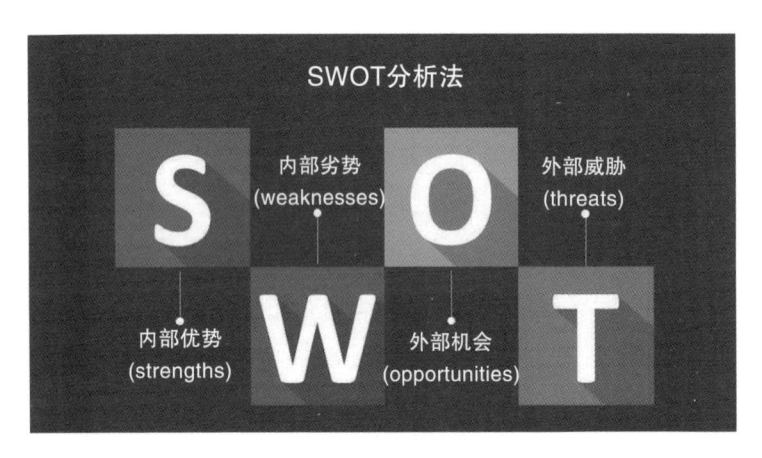

图4-6　SWOT分析法

- □S代表内部优势，如在管理、经营、营销、研究开发、产品设计等方面的优势。
- □W代表内部劣势，如管理不善、营销渠道欠缺、研究开发和设计能力低、成本高。
- □O代表外部机会，如新市场、新需求、新材料、新技术、新方法，宏观环境（经济、政治）持续好转，市场环境有利于项目的投资。
- T代表外部威胁，如竞争激烈、资源短缺、技术替代、产品需求下降等。

优劣势分析主要是着眼于组织自身的实力及其与竞争对手或同业者的比较，而机会和威胁分析则是将注意力放在外部环境的积极和消极的变化上。

在寻找解决方法时，应把所有的内部因素（即优劣势）归类集中，在外部的变化中去应用这些因素。通过分析内外因素，有4种可供选择的策略。

- SO策略（极大化优势以极大化机会）：利用内部的优势，去抓住外部的良机。
- WO策略（极小化劣势以极大化机会）：克服自己的缺点，去抓住外部的良机。
- ST策略（极大化优势以极小化威胁）：利用内部的优势，抵御外部环境的竞争威胁。
- WT策略（极小化劣势以极小化威胁）：努力克服内部缺点，以使外部威胁减少到最低限度。

4个策略如图4-7所示。

	内部劣势 （weaknesses）	内部优势 （strengths）
外部威胁 （threats）	WT策略 极小化劣势 以极小化威胁	ST策略 极大化优势 以极小化威胁
外部机会 （opportunities）	WO策略 极小化劣势 以极大化机会	SO策略 极大化优势 以极大化机会

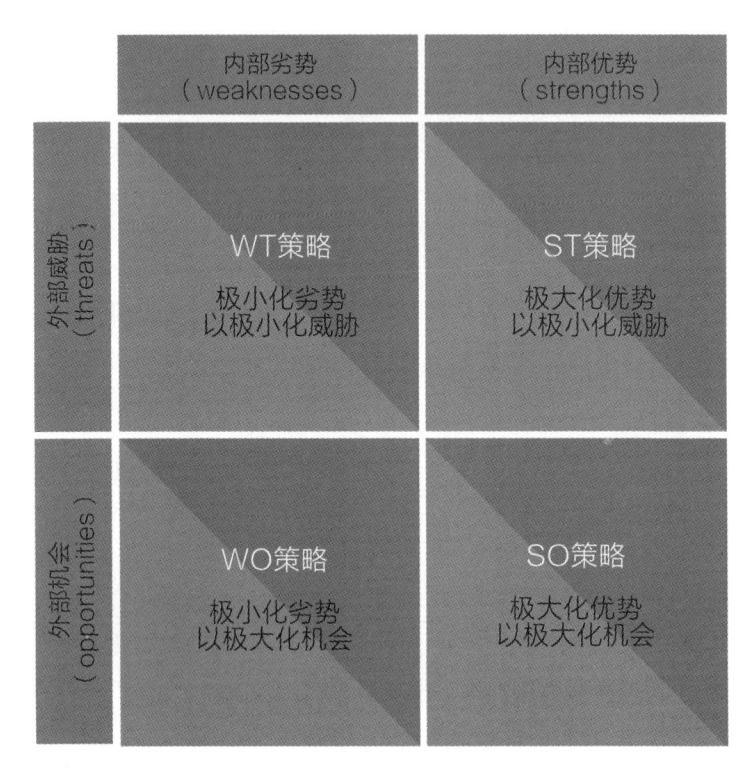

图4-7　SWOT分析之4个策略

因此，SWOT分析实际上是一种态势分析，即将内外部的有利条件和不利条件等各方面信息进行综合分析，进而得出解决方法。

结合上文提到的"如果我们发现工作汇报的效果不好的原因是自己口头表达时逻辑不清晰"的例子，我们分析了内部的优势有两点，"自己愿意学习"和"专业能力强"；内部的弱点是"表达没逻辑"。目前可以看到的外部机会有"市场上有《逻辑表达》的书和课程"和"下周有机会向重要客户营销自己的方案"。当然外部的威胁也存在：一是"竞争对手下周也会拜访该客户"，二是"竞争对手可能会攻击我方产品"。

根据SWOT分析法的4种选择策略，可以产生4种应对方法，如表4-1所示。

- □SO策略：用第一个优势"自己愿意学习"去抓外部的第一个机会"市场上有《逻辑表达》的书和课程"，即"主动学习《逻辑表达》一书或参加此类培训。"
- □WO策略：克服自己"表达没逻辑"的弱点，以抓住外部的第二个机会"下周有机会向重要客户营销自己的方案"，即"梳理下周汇报内容的逻辑，让客户能理解、记得住"。
- □ST策略：用第二个优势"专业能力强"去抵御外部的第一个威胁"竞争对手下周也会拜访该客户"，即"在与客户的沟通中传递我方人员专业能力强，能帮客户解决其他供应商无法解决的问题的信息"。
- □WT策略：克服自己"表达没逻辑"的弱点以抵御外部的第二个威胁"竞争对手可能会攻击我方产品"，即"在下周汇报内容中设计说服逻辑，增加成功案例和实际数据以增强客户的信任"。

表4-1　SWOT分析示例

内部因素 外部因素	S： 1. 自己愿意学习 2. 专业能力强	W： 表达没逻辑
O： 1. 市场上有《逻辑表达》的书和课程 2. 下周有机会向重要客户营销自己的方案	SO策略： 主动学习《逻辑表达》一书或参加此类培训	WO策略： 梳理下周汇报内容的逻辑，让客户能理解、记得住
T： 1. 竞争对手下周也会拜访该客户 2. 竞争对手可能会攻击我方产品	ST策略： 在与客户的沟通中传递我方人员专业能力强，能帮客户解决其他供应商无法解决的问题的信息	WT策略： 在下周汇报内容中设计说服逻辑，增加成功案例和实际数据以增强客户的信任

在有资源和意愿的情况下，以上多个解决方法可以同时实施以提升问题解决的速度和效果。

通过SWOT分析找到的解决方法的组合，既可以让我们思考如何发挥自己的强项，聚焦未来的机会，又可以让我们关注自己弱点的改善，监控并消除可能的威胁。

当然每个解决方法都会有相应的风险，我们愿意为得到这个解决方法带来的回报而接受该解决方法可能带来的风险吗？关于这点，本书会在第六章"标准化并推广"中详细介绍。

杰克餐厅：寻找方法

通过散点图分析了起因与问题之间的相关性后，山姆锁定"排班不合理"是杰克餐厅"周五午餐顾客等待时间太长"这一主要问题的真正起因。接下来，摆在项目团队面前的任务就是如何找到尽可能多的解决方法。

鉴于之前起因分析时项目团队头脑风暴的良好效果，山姆决定再召开一次"寻找解决方法"的专题会议，大伙儿一起讨论讨论。有了上次会议准备的成功经验，山姆特地向部门领导静姐申请了点预算，安排了一些简单的咖啡茶点。山姆开始意识到作为项目经理应该为团队建设申请一些预算，在项目启动、规划、执行的过程中逐步释放一些激励资源，这样有助于提高项目组成员的工作效率和积极性。

项目团队的伙伴们陆陆续续来到了会议室，看着大家挑选着各自喜欢的咖啡奶茶，山姆依照自己的习惯拿了一杯海盐芝士拿铁。

山姆抿了一口拿铁，海盐芝士味道很重。他扫视了一下会议室，发现与会者都到齐了，就抓紧开始今天的讨论："会前发给大家的起因分析的PPT，各位都看了吗？"

"看了，分析逻辑很严谨。Good job！"山姆的导师七仔前辈给予了积极的评价。其他的组员也纷纷点头，表示已经阅读过起因分析的资料。

"今天召集项目专题会议的目的就是针对真因'排班不合理'寻找尽可能多的解决方法。"山姆接着说:"大家先说说自己的想法。"

七仔前辈第一个表达了自己的想法:"之前我们展开头脑风暴时,由于缺乏方法和工具的指引,感觉整个发散的过程是漫无目的和没有方向感的。希望这次寻找解决方法的讨论,可以先确定匹配的分析工具然后再一起讨论,这样大家的讨论才会在同一个方向上形成逻辑的合力!"

"我同意七仔前辈的提议!"胖胖的小王附和道。

"我也同意。"绰号"大头"的小张点头说道。

"我没异议。"小林看到大家都认同,也赶紧表了个态。

山姆条件反射似的看向了智能机器人"脑门",然后满怀期待地询问道:"'脑门'老师,您有没有合适的分析工具可以指导我们这次讨论呢?"

为了今天的会议,山姆特意给智能机器人"脑门"充满了电,所以今天机器人"脑门"的白色眼眶灯特别明亮。两道绿色的光束顺时针地在"脑门"的白色眼眶灯中旋转着,似乎在搜索着什么。

突然"脑门"的白色眼眶灯高频率地闪烁了几下:"我们可以试试驱动因素分析法,英文叫 force field analysis。"

"山姆,你先在白板上画一个稍微露头的'T'字,分出左侧和右侧区域。"

"没问题。"山姆按照机器人"脑门"的要求在白板上画了一个稍微露头的"T"后问道,"然后呢?"

"各位，请针对真因'排班不合理'思考支持性的正面驱动因素，即有利于抑制和消除'排班不合理'的方法选项。山姆，你负责在'T'字的左侧区域里记录下大家分享的支持性的正面驱动因素。"

"明白。"山姆应了一句，同时也和大家一起陷入了沉思。

……

"这家杰克餐厅的特点是午餐时写字楼里的顾客比较多，而晚餐时顾客反而比午餐时少。"七仔前辈觉得自己要带个头，所以率先分享起来："现在白班和夜班的工作人员比例是1比1，我觉得可以根据午餐和晚餐时的客流量比例把夜班的工作人员适当地调整一些去白班。这样白班和晚班的服务员人均服务顾客数会接近一些。"

"好主意！"山姆认同七仔前辈的方法，随后补充了一个自己的想法："如果周五午餐的服务员人数不够，是否可以考虑增加一些临时工？"

"大头"小张也快速地融入讨论："因为周五午餐工作量比较大，可以适当给予当班人员一些激励。"

胖胖的小王分享了自己找到的正面驱动因素："之前调研的时候，我们发现餐厅工作人员有周五请假的现象，是否可以建议周五午餐的当班人员不允许请假？这样可以保证周五午餐的当班人员满勤！"

会议室又陷入了沉寂，与会者对于正面驱动因素的思考似乎遇到了困难。

机器人"脑门"觉得可以启发一下大家:"针对'排班不合理'这一起因,或许我们可以逆向思考一下。我们不但可以考虑如何增加周五午餐班次服务员的人数或工作热情,也可以考虑如何减少周五午餐班次服务员的工作量,减少堂食的顾客数量。比如,堂食的顾客太多,餐厅可以提供外卖和打包服务,这样就可以减少堂食的顾客数量。"

"对于减少周五午餐班次的工作量,我有个建议。"小林很聪明,善于接受新思路。他顺着机器人"脑门"建议的"逆向思考"的思路分享起自己的建议:"是否可以建议在周四先提前完成一些周五的食材准备工作,比如配菜、洗菜和切菜,或者预加工等工作。这样周五午餐班次的工作量可以减少一些。"

与会者积极分享着各自找到的正面驱动因素……

山姆把项目组成员的建议一一记录下来,如图4-8所示。

+ Driving Forces 正面驱动因素	
把夜班工作人员适当地调整一些去白班 周五午餐班次增加一些临时工 激励周五午餐班次的员工 周五午餐的当班人员不允许请假 提供外卖和打包服务 周四先提前完成一些周五的食材准备工作 ……	

图4-8 驱动因素分析法之正面驱动因素

智能机器人"脑门"觉得正面驱动因素的讨论已经比较充分了,是时候进入下一步了:"现在请大家针对真因'排班不合理'思考阻碍性的负面驱动因素,即可能会限制问题解决的因素或导致解决方法不能被支持的因素。山姆,请在'T'字的右侧区域里记录大家分享的阻碍性的负面驱动因素。"

"OK,没问题。"山姆应和了一声,对驱动因素分析法会带来什么产出非常好奇。

"七仔前辈,您觉得阻碍性的负面驱动因素是什么?"山姆非常尊重七仔前辈。

"餐厅老板鲍勃把减少顾客抱怨次数作为首要问题,所以我们的解决方法必须能减少顾客抱怨次数,不能存在增加顾客抱怨次数的风险。"前辈七仔非常关注客户的需求,提醒大家解决方法不能发生方向性的偏差。

"解决方法不能增加太多的成本,否则我担心客户不一定能接受。"

"解决方法也应该考虑员工的满意度,否则推行起来员工会抵触。"

大家你一言我一语,积极地讨论着。山姆也仔细地记录着,结果如图4-9所示。

+ Driving Forces 正面驱动因素	+ Restraining Forces 负面驱动因素
把夜班工作人员适当地调整一些去白班 周五午餐班次增加一些临时工 激励周五午餐班次的员工 周五午餐的当班人员不允许请假 提供外卖和打包服务 周四先提前完成一些周五的食材准备工作 ……	存在增加顾客抱怨的风险 明显增加餐厅成本 员工会抵触 ……

图4-9 驱动因素分析法之正面和负面驱动因素

山姆抬腕看了一下手表，会议已经进行了30分钟了。出于掌控会议进度的目的，山姆转头向机器人"脑门"询问："我们讨论了正面驱动因素和负面驱动因素，接下来应该怎么推动驱动因素分析法呢？"

机器人"脑门"明白山姆的意图是推动会议进程，所以回答道："在优选最佳支持性的正面驱动因素和选出最大阻碍性的负面驱动因素之后，我们需要逐一分析每一个最佳支持性的正面驱动因素能否规避所有的最大阻碍性的负面驱动因素，满足条件的就是较好的解决方法。"

看到大部分伙伴茫然的眼神，机器人"脑门"觉得自己有必要再举例说明一下："比如第一个正面驱动因素'把夜班工作人员适当地调整一些去白班'是否存在增加顾客抱怨次数的风险？是否会增加餐厅的成本？员工会抵触吗？"

胖胖的小王尝试回答机器人"脑门"的问题："如果

从夜班抽调人员去白班，午餐顾客的抱怨次数会下降，但是晚餐顾客的抱怨次数会不会上升？"

与会者里有人附和着点头。七仔前辈翻看着电脑里相关调研数据的一张张分析图表若有所思，突然她指着一张散点图（见图4-10）分析道："你们看，根据夜班的调研数据，随着当班服务员人数的增加，顾客的抱怨次数居然也在增加。你们觉得这张夜班数据的散点图给了我们什么信息？"

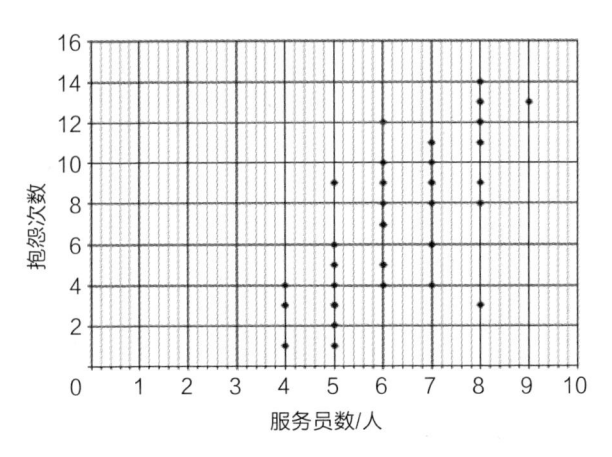

图4-10 夜班数据的散点图分析

小林不禁发出了疑问："是啊，好奇怪！服务员人数增加了，顾客抱怨次数应该下降才对。"

山姆思索片刻后说："这说明杰克餐厅在服务员的分工与合作的管理上存在问题。之前调研时我听到有些顾客反馈过在杰克餐厅就餐期间，当要求身边的服务员提供帮助时，有些服务员明明闲着没事，却没有快速响应顾客的要求，可能是因为顾客座位不属于这个服务员的责任区域。所以这就给顾客留下该餐厅的服务员服务不主动的印象。这张夜班数据的散点图告诉我们这个问题在夜班工作中是真实存在的！"

七仔前辈接着山姆的分析继续说道："杰克餐厅之前的排班策略是白班和夜班的服务员人数是一样多的，现在我们应该根据午餐和晚餐的客流量合理地调整白班和夜班服务员人数：午餐客流量大，那么对应的白班服务员人数就多些；而晚餐客流量相对较少，那么就相应减少安排在晚班的服务员人数。同时，重新安排服务员的责任区域，管理上既有分工，也强调合作。我还把以"顾客与服务员的人数比率"为横轴的散点图也找出来了，大家看一下。"

七仔前辈指着电脑屏幕上的另一张散点图，如图4-11所示，提示大家一起分析。大家的目光都投向了七仔前辈手指指向的这张散点图。

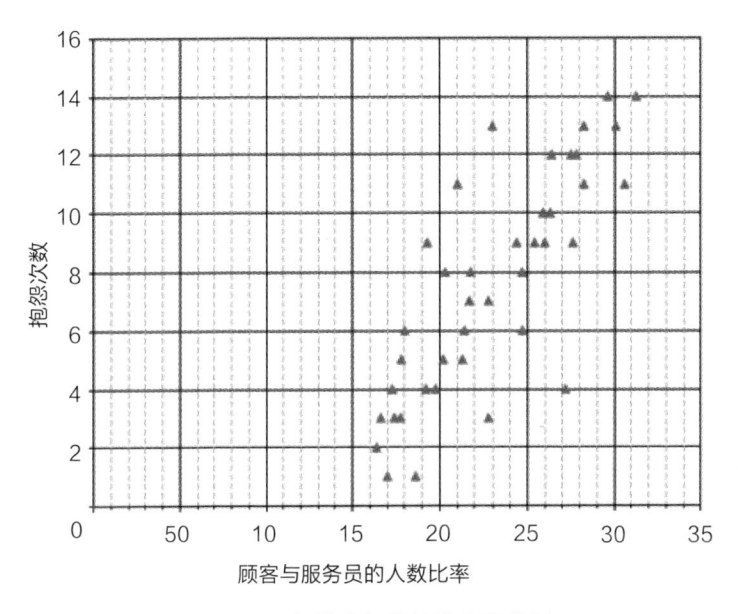

图4-11　与排班相关的散点图分析

"在增加了白班服务员人数后，午餐时顾客与服务员的人数比率会下降，所以午餐时顾客抱怨的次数也会下降。"七仔前辈抛出了自己的观点："如果适当地减少晚班的服务员人数，只要晚餐时顾客与服务员的人数比率不超过午餐时的比率，那么夜班时服务员人数的减少其实能让每个服务员的工作量更合理，同时在管理上重新合理地设定夜班每个服务员的责任区域，并强调不同区域之间的合作。参考上一张夜班数据的散点图分析，合理地减少夜班服务员的人数会减少服务员闲着没事又不快速响应顾客需求的现象出现，从而降低晚餐时顾客的抱怨次数。"

项目团队的小伙伴们纷纷点头，认同七仔前辈的观点。

山姆继续推进第一个正面驱动因素的相关分析："那我们再讨论讨论'把夜班服务员适当地调整一些去白班'这个正面驱动因素能否规避其他的最大阻碍性的负面驱动因素。这样做是否会增加餐厅的成本？员工会抵触吗？"

"大头"小张斟酌了一会儿后说："我觉得都不会。调整一些夜班工作人员去白班工作，反而会减少杰克餐厅的夜班员工交通补贴的开支，而且大部分员工都喜欢上白班，为了避免员工抵触，可以选择喜欢上白班的员工去午餐的班次上班。"

"我同意！我也是这么分析的，只不过被小张先说了。呵呵。"小林表示支持小张的分析判断。

"如果大家都认同，那么'把夜班服务员适当地调整一些去白班'这一正面驱动因素可以规避所有的最大阻碍性的负面驱动因素，是一个较好的解决方法。"山姆边说边在第一个正面驱动因素前面打了个"√"以表示该解决方法可行。

山姆把刚刚画的驱动因素分析法示意图投射在会议室的墙壁上（见图4-12），并扭头看向智能机器人"脑门"，似乎是想得到它的认可。

| + Driving Forces | - Restraining Forces |
正面驱动因素	负面驱动因素
✓ 把夜班工作人员适当地调整一些去白班	存在增加顾客抱怨的风险
周五午餐班次增加一些临时工	明显增加餐厅成本
激励周五午餐班次	员工会抵触
周五午餐的当班人员不允许请假	……
提供外卖和打包服务	
周四先提前完成一些周五的食材准备工作	
……	

图4-12 驱动因素分析法之案例分析（1）

机器人"脑门"看着这张驱动因素分析法示意图，白色眼眶灯闪烁了几下绿光表示认同："大家分析得很好。那我们再看看其他几个最佳支持性的正面驱动因素，一旦不能规避某个最大阻碍性的负面驱动因素，那么这个正面驱动因素就可以考虑先舍弃了。"

这次是胖胖的小王先发言了："'周五午餐班次增加一些临时工'和'激励周五午餐班次的员工'都会增加餐厅的成本。鉴于餐厅现在的营业收入情况不理想，管理层不一定会接受增加运营成本的解决方法。"

"对，而且在周五午餐班次增加临时工还存在增加顾客抱怨次数的风险，因为可能会出现临时工对菜单和服务流程不熟悉，或者临时工的服务态度差、责任心不足等问题。"山姆也表达了自己的顾虑。

"大头"小张也积极分享自己的思考："如果我是杰克餐厅的员工，我不会喜欢'周五午餐的当班人员不允许请假'这一解决方法。因为如果周五有孩子学校的家长会或周末有外出旅游安排,员工还是希望周五能够请假的!"小张说话的声音越来越响,山姆意识到小张的爱好就是旅游,看来他是相当反对这一解决方案。

山姆记录着伙伴们的意见,用打"√"和打"×"来表示解决方法是否可行。在山姆更新了驱动因素分析法的示意图之后,这时投射在会议室墙壁上的示意图如图4-13所示。

+ Driving Forces 正面驱动因素	- Restraining Forces 负面驱动因素
√ 把夜班工作人员适当地调整一些去白班	× 存在增加顾客抱怨的风险
× 周五午餐班次增加一些临时工	× 明显增加餐厅成本
× 激励周五午餐班次	× 员工会抵触
× 周五午餐的当班人员不允许请假	……
提供外卖和打包服务	
周四先提前完成一些周五的食材准备工作	
……	

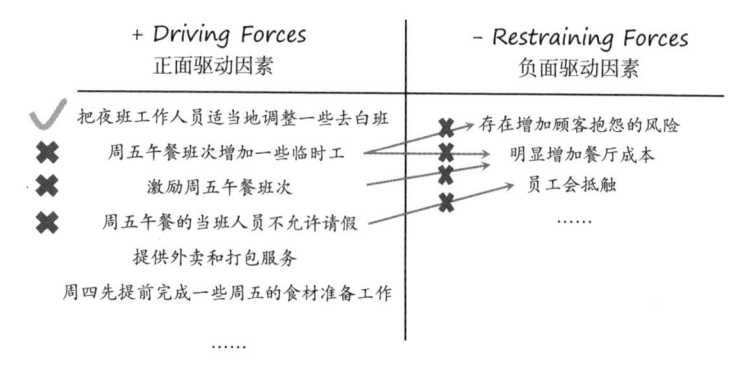

图4-13 驱动因素分析法之案例分析(2)

七仔前辈推敲起下一个正面驱动因素:"如果餐厅提供外卖和打包服务,顾客就可以叫外卖而不用自己来门店了,或者当来店顾客发现堂食现场排队时可以选择打包带走而不必在门口排队等待空桌位了。所以这一解决方法可以降低顾客的抱怨次数。"

"提供外卖和打包服务会不会增加餐厅的成本呢?"小林问了一句。也不知道这一句是小林问他自己的还是问大家的。"

"大头"小张反应很快,回答起小林的问题:"不会。外卖费用或打包费用可以让顾客自己承担,比如很多餐厅都会收取打包盒的费用。即便外卖平台有什么费用的话,这个费用也可以叠加在原来的菜价上,外卖菜单的价格可以比堂食略贵些。如此这般运作,提供外卖和打包服务是不会增加餐厅成本的。"

胖胖的小王是个吃货,笑嘻嘻地聊起自己的经历:"说不定餐厅可以通过打包盒和外卖服务赚取一些额外的利润呢!我点外卖时就发现一个塑料盒子成本可能只要几毛钱,商家却要收我1~2元;而且外卖盒子比较小,我感觉外卖的菜量比堂食的菜量也少一些。"

"胖子,我看你今天中午就是叫的外卖,是不是没吃饱啊!"不知是哪位给小王"补刀",这个玩笑引起了会场的一片笑声。

"玩笑归玩笑,我认为小王是从另一个角度,支持了提供外卖和打包服务不会增加餐厅成本的判断。""大头"小张很开心有人支持他的分析判断。

"如果餐厅提供外卖和打包服务,那么可以减少堂食的顾客数量,餐厅服务员的工作量是下降的。"小林又发表了自己的意见:"所以我认为服务员不会抵触这一解决方法。"

"所以,提供外卖和打包服务也可以规避所有的最大阻碍性的负面驱动因素,也是一个较好的解决方法。"山姆一边小结一边更新了驱动因素分析法的示意图。

这时投射在会议室墙壁上的示意图如图 4-14 所示。

+ Driving Forces 正面驱动因素	- Restraining Forces 负面驱动因素
✓ 把夜班工作人员适当地调整一些去白班	存在增加顾客抱怨的风险
✗ 周五午餐班次增加一些临时工	明显增加餐厅成本
✗ 激励周五午餐班次	员工会抵触
✗ 周五午餐的当班人员不允许请假	……
✓ 提供外卖和打包服务	
周四先提前完成一些周五的食材准备工作	
……	

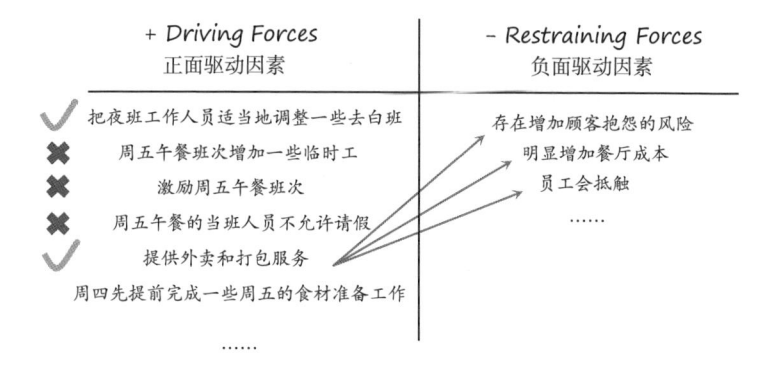

图 4-14　驱动因素分析法之案例分析（3）

山姆对于会议的进展非常满意，喝了一口面前的海盐芝士拿铁，算是奖励自己。"那我们现在讨论下一个正面驱动因素'周四先提前完成一些周五的食材准备工作'吧。"山姆鼓励大家再接再厉。

"周四先提前完成一些周五的食材准备工作，这样周五午餐的上菜速度会更快，所以顾客会更满意。"山姆首先分析起来。

"周四根据周五午餐的餐单和销售情况，预先完成一些周五的食材准备，也不会增加餐厅成本。"七仔前辈做出了自己的判断，"当然，我们需要判断一下，要求周四准备周五的食材会不会招致员工的抵触？"

"大头"小张的反应还是很快："我觉得不会。因为周一至周五的白班都是同一批人,周四准备周五的食材也是减少了自己在周五的工作量。"

小林也接住话茬说:"我同意!与其周五那么忙,不如在周四空时先把周五的食材准备起来,反正早晚都是自己的活。"

山姆看到团队中的伙伴们纷纷点头,于是在会议室的墙壁上投射了补充了刚才讨论内容的示意图,如图 4-15 所示。

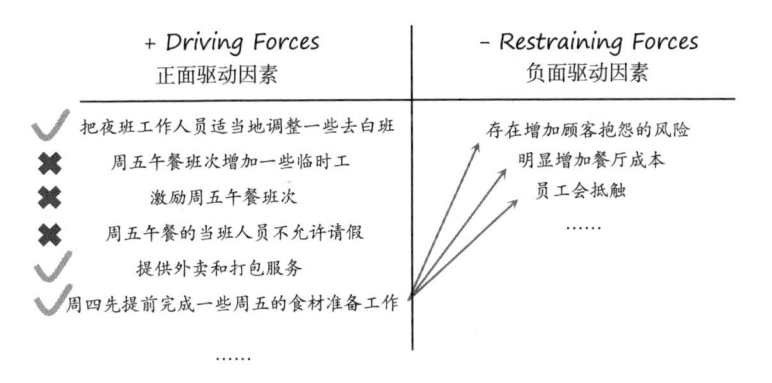

+ Driving Forces 正面驱动因素	- Restraining Forces 负面驱动因素
✓ 把夜班工作人员适当地调整一些去白班	存在增加顾客抱怨的风险
✗ 周五午餐班次增加一些临时工	明显增加餐厅成本
✗ 激励周五午餐班次	员工会抵触
✗ 周五午餐的当班人员不允许请假	……
✓ 提供外卖和打包服务	
✓ 周四先提前完成一些周五的食材准备工作	
……	

图4-15 驱动因素分析法之案例分析(4)

"哇!我们已经找到3个可行的解决方法了。太棒了!"不知是谁兴奋地叫出声来,又像是在为大家的讨论喝彩。

机器人"脑门"突然发现这个团队在讨论问题时已经不怎么需要自己频繁参与了,这是不是也从一个侧面说明这个团队在解决问题时的迷茫越来越少了呢?

4.3 优选方案：选出最佳

虽然我们有时只选择一个最佳的解决方案，但是解决方法不能只想一种。通过上一节介绍的驱动因素分析法或 SWOT 分析法，我们可以找到多个解决方法。

在资源充足且解决方法相互不冲突的情况下，我们可以选择施行多个解决方法。因为多个解决方法的施行有助于我们尽快解决关注的问题。尤其当任何一个解决方法都不完美时，巧妙地组合几个互补的解决方法而形成的解决方案会相对比较完善。

接下来，如何从众多的问题解决方法中做出科学的选择，这对问题的解决起着决定性的作用。所以解决方案优选这一步骤是问题解决过程中的一个非常重要的步骤。

解决方案的优选主要有 3 种策略，分别是目标择优、比较择优和补充择优。具体如下。

4.3.1　目标择优

衡量一个解决方法的优劣，是看其能否实现问题解决所要求的所有期望目标，即期望目标是评价解决方法优劣，并进行取舍的标准。凡是符合所有期望目标的解决方法就是优良的解决方法，能满足大部分期望目标的解决方法则是次佳的，只能满足小部分期望目标的解决方法可以被认为是最次的解决方法。

基于期望目标而判断解决方法优劣时，有很多分析工具。本书介绍3种比较常用的分析方法：**选择矩阵**、**决策树**和**经济模型**。

● 选择矩阵

在前文要点2.3.3"选择矩阵"中，我们介绍过这一分析工具。当时的应用情景是通过权衡各种利弊从多个可选的问题中选择需要优先解决的主要问题。我们现在通过期望目标来判断多个可选的解决方法中的最佳解决方法与之类似。

在使用选择矩阵时，我们会在横表头中把此次问题解决的期望目标设定为选择标准（selection criteria）。比如，实施难度、预估效果、见效时间、预估成本等。选择标准的数量一般以3个至6个为宜。在选择矩阵的竖表头中排列的就是我们已经找到的那几个解决方法，如表4-2所示。

表4-2 选择矩阵

序号	选择标准1	选择标准2	选择标准3	……	总分	优先级
解决方法1						
解决方法2						
解决方法3						
……						

在具体分析过程中，根据横表头中的每一个选择标准，对所有的解决方法进行纵向打分。纵向打分时，根据选择标准判断各个解决方法的优先级，可以打"高""中""低"，也可以打"3""2""1"分。例如，解决方法的"实施难度"越大越不优先选择，所以得分应该越低；解决方法的"预估效果"越好，则越要优先选择，所以得分也越高。得分与选择标准有时是成正比的，有时是成反比的。

如果竖表头中有4个解决方法，基于选择标准判断时可以打"4""3""2""1"分。一般竖表头中解决方法的数量大于等于5个时，我们打分时可以有若干个"3"分给予优先级高的解决方法，若干个"1"分给予优先级低的解决方法，其余的解决方法给"2"分。

当我们针对每一个选择标准，对所有的解决方法进行纵向打分时，就是分析在这一选择标准下到底哪个解决方法优先。最后横向算出每一个解决方法的总得分，得分最高的解决方法应该是最好地兼顾了所有选择标准（即期望目标）的最佳解决方法。如表 4-3 所示。

表4-3 选择矩阵的应用示例

序号	选择标准 1	选择标准 2	选择标准 3	总分	优先级
解决方法 1	2	1	1	4	5
解决方法 2	1	3	2	6	2
解决方法 3	3	2	3	8	1
解决方法 4	3	1	1	5	4
解决方法 5	1	2	3	6	2

通过选择矩阵的分析，可以在较短时间里获取利益相关方对于解决方法先后次序的一种认同感。因为大家知道这个决策是兼顾了所有的期望目标的最优选择。

● *决策树*

先介绍一下决策树的概念。

□是用二叉树形图来分析的一种工具。
□适合于判断因素比较少、逻辑组合关系不复杂的情况。

让我们通过一个产品开发的案例来讲解一下决策树的分析方法，如图 4-16 所示。

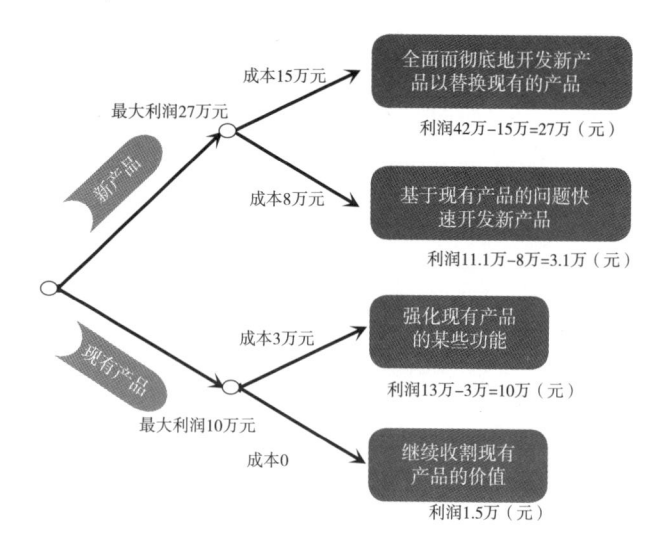

```
                              全面而彻底地开发新产
              成本15万元        品以替换现有的产品
   最大利润27万元  ○─────→
                              利润42万-15万=27万(元)
  新
  产
  品              成本8万元    基于现有产品的问题快
                  ─────→      速开发新产品
  ○                           利润11.1万-8万=3.1万(元)
  现
  有              成本3万元    强化现有产品
  产              ─────→      的某些功能
  品   最大利润10万元○
                              利润13万-3万=10万(元)
                  成本0        继续收割现有
                  ─────→      产品的价值
                              利润1.5万(元)
```

图4-16 决策树的分析示例

通过决策树分析，我们看到共有4个解决方案，具体如下：

1）方案一是"全面而彻底地开发新产品以替换现有的产品"，预期利润为27万元。

2）方案二是"基于现在产品的问题快速开发新产品"，预期利润为3.1万元。

3）方案三是"强化现有产品的某些功能"，预期利润为10万元。

4）方案三是"继续收割现有产品的价值"，预期利润为1.5万元。

从预期利润判断，方案一"全面而彻底地开发新产品以替换现有的产品"是最佳的解决方案。

● 经济模型

除了把利润作为判断标准之外,也可以将其他的经济模型作为判断标准。

☐ 投资回收期(payback period)

指获得与投资额相等的回报所需要的时间。

☐ 利益成本比率(BCR)

利益并非只是利润,还包括通货膨胀中得到利益和无形资产等。

☐ 投资回报率(ROI)

等于:年平均净利润额/投资总额×100%。

☐ 折现现金流(DCF)

考虑资金时间价值(利率)的一般计算方法为:

$PV=FV/(1+r)^a$,其中 PV 是现值或初始值,FV 表示终值或本利和,r 是报酬率或利率,a 是计息期数。

☐ 净现值(NPV)

指所有投资成本和所获利润的现值的总和。

☐ 内部收益率(IRR)

指正现值的总和等于负现值的总和时的贴现率,也就是使 NPV=0 的利率。

在应用目标择优方法时,可将期望目标分为必备性目标和愿望性目标。

- □ 必备性目标：必不可少的、可衡量的和可实现的目标，是必须实现的目标。
- □ 愿望性目标：非必备性的目标，是想尽可能去实现的目标。

在选择解决方法时，需要判断所选的解决方法能否满足所有的必备性目标。对于不能满足必备性目标的解决方法，应当淘汰不选。考虑到对解决方法的实施效果的预测与实际情况存在偏差，对于太接近必备性目标的阈值的解决方法也可以选择放弃。

在能达到所有必备性目标的前提下，再通过选择矩阵、决策树或经济模型去分析和判断哪个解决方法是兼顾了所有期望目标的最优选择。

当然，我们也可以给每个期望目标加权重，一般情况下必备性目标的重要性会高于愿望性目标，再通过横向加权求和，算出每一个解决方法的总得分。但是考虑到在定性分析中给选择标准增加权重对分析的精确度帮助有限，本书不做推荐。

我们最后选择的解决方法，应该是有较大的把握可以满足所有的必备性目标且可以最大化地实现相关期望目标的解决方法！

4.3.2 比较择优

比较择优法是将各种可行性方法进行比较鉴别,全面权衡各方法的利弊优劣,以选出最佳解决方案。

本书介绍一种比较择优方法——评估矩阵法。具体步骤如下:

第一,列出所有的可行方法;

第二,将每一种方法都分别与其他方法进行对比,在较优的选项上画圈;

第三,将每个方法的圆圈数写在右侧结论栏内,计算每个方法的圆圈数,圆圈数最多的方法就是最佳的解决方法。

图 4-17 展示了基于 10 个可行方法的评估矩阵的第一次比较。将表格里的解决方法进行两两比较,在较优的解决方法的序号上画个圈,再将每个方法的圆圈数填入右侧的结论栏内,最后选择圆圈数最多的方法作为最佳解决方法。

A	B	C	D	E	F	G	H	I
1 ②	—							
1 3	2 3	—						
1 4	2 4	3 4	—					
1 5	2 5	3 5	4 5	—				
1 6	2 6	3 6	4 6	5 6	—			
1 7	2 7	3 7	4 7	5 7	6 7	—		
1 8	2 8	3 8	4 8	5 8	6 8	7 8	—	
1 9	2 9	3 9	4 9	5 9	6 9	7 9	8 9	—
1 10	2 10	3 10	4 10	5 10	6 10	7 10	8 10	9 10

方法 1 ＿ 圈
方法 2 ＿ 圈
方法 3 ＿ 圈
方法 4 ＿ 圈
方法 5 ＿ 圈
方法 6 ＿ 圈
方法 7 ＿ 圈
方法 8 ＿ 圈
方法 9 ＿ 圈
方法 10 ＿ 圈

图4-17 比较择优法

4.3.3 补充择优

从利弊各异的各种解决方法中择优时，可以对最初的解决方法进行修改补强，或将多个解决方法结合使之成为更理想的解决方案。

比如一个解决方法的优势是成本低且效果好，但缺点是见效时间比较长，那么可以补充一个见效快的解决方法作为临时措施，将成本低且效果好但见效慢的解决方法作为中期或长期策略。两个解决方法组合而成的解决方案则是相对比较完美的。

对于补充择优这一解决方案的优化方法，在与本节配套的案例"杰克餐厅：优选方案"中会有实例分析。

在本小节的最后，我们想提醒各位读者：决策的速度也是非常重要的。我们应该运用正确的择优方式，抓住时机，当机立断地优选出最佳解决方法并推动实施，因为有时决策太慢可能会错过解决问题的最佳时机！

杰克餐厅：优选方案

山姆把3个可行的解决方法都向部门领导静姐汇报了一遍。静姐认可了这3个解决方法的可行性，同时也提出一个建议，希望能在给客户呈现最终方案前从这3个解决方法中优选出最佳的解决方案。

走出静姐的办公室，山姆感到既欣慰又兴奋。欣慰的是项目团队的努力被领导认可了，兴奋的是自己看到了咨询项目成功的希望。

回到办公桌，打开电脑，山姆看着如图4-18所示的3个可行的解决方法，不禁思考起如何优化解决方案。

+ Driving Forces 正面驱动因素	- Restraining Forces 负面驱动因素
✓ 把夜班工作人员适当地调整一些去白班	存在增加顾客抱怨的风险
✗ 周五午餐班次增加一些临时工	明显增加餐厅成本
✗ 激励周五午餐班次	员工会抵触
✗ 周五午餐的当班人员不允许请假	……
✓ 提供外卖和打包服务	
✓ 周四先提前完成一些周五的食材准备工作	
……	

图4-18　3个可行的解决方法

"如何能从众多解决方法中选出最佳解决方法呢？"山姆的这句话不知道是在问自己还是问身边的智能机器人"脑门"。

"你可以尝试站在客户的角度去优选出最佳的解决方法。"智能机器人"脑门"想启发一下山姆:"如果是客户来选,他会怎么选呢?"

山姆很自然地顺着机器人"脑门"的方向思考起来:"客户应该会选择减少顾客的抱怨次数效果最好的解决方法。"

"还会不会有其他期望目标?"机器人"脑门"继续提问。

山姆略作思考后说:"客户一直比较看重销售额和解决问题的速度,即见效时间。"

"脑门"黑眼圈上的白色眼眶灯闪烁几下绿光后说:"那你可以尝试用选择矩阵来分析出最佳解决方法。"

"你可以在横表头中设定这3个期望目标作为选择标准,而在竖表头中罗列现有的3个可行的解决方法。"

山姆边听边画,在机器人"脑门"的帮助下画出了如表4-4所示的选择矩阵。

表4-4 选择矩阵的示例(1)

解决方法	选择标准				
	降低抱怨次数的效果	销售额	见效时间	总分	优先级
把夜班工作人员适当地调整一些去白班					
提供外卖和打包服务					
周四先提前完成一些周五的食材准备工作					

"你试着按每一个选择标准对所有的解决方法进行纵向打分。"机器人"脑门"指导着下一步。

山姆回答:"好的,我来分析一下!"

山姆按降低抱怨次数的效果越好得分越高,对提升销售额的帮助越大得分越高,见效时间越快得分越高的原则,很快完成了表4-5的打分。

表4-5 选择矩阵的示例(2)

解决方法	选择标准				
	降低抱怨次数的效果	销售额	见效时间	总分	优先级
把夜班工作人员适当地调整一些去白班	1	1	3		
提供外卖和打包服务	3	3	1		
周四先提前完成一些周五的食材准备工作	2	2	2		

同时山姆也解释了一下自己的打分依据:"考虑到夜班服务员中能调整到白班的数量有限,这一解决方法对降低抱怨次数的效果和销售额的帮助也是有限的。但是白班夜班的服务员调整是餐厅大堂经理就可以决定的,所以决策速度比较快且推动起来比较容易。当然外卖和打包服务也可以有效地减少堂食的顾客数量,从而有效地降低顾客的抱怨数量。顾客多了外卖和打包这些新的选择,也有助于提升餐厅的销售额。但能不能上外卖平台,可能不是餐厅大堂经理所能决定的,需要总部同意甚至总部统一运作,所以流程相对复杂些,推动时间也比较长。至于周四能否

先完成周五部分食材的准备工作这一解决方法，餐厅的大堂经理需要和厨房、采购等部门横向沟通协调，所以见效速度不会是最快的，但会比需总部审批的速度快一些。第三个解决方法在3个选择标准的排序中都居中。"

"我现在是不是应该横向算出每一个解决方法的总得分，得分最高的解决方法应该是最好地兼顾了所有选择标准（即期望目标）的最佳解决方法吧？"山姆问道。

"聪明！你开窍了。"机器人"脑门"的白色眼眶灯居然还能闪烁出深绿色的光。

在得到机器人"脑门"的认可后，山姆很快算出了3个解决方法的总分和优先顺序，如表4-6所示。

表4-6 选择矩阵的示例（3）

解决方法	选择标准				
	降低抱怨次数的效果	销售额	见效时间	总分	优先级
把夜班工作人员适当地调整一些去白班	1	1	3	5	3
提供外卖和打包服务	3	3	1	7	1
周四先提前完成一些周五的食材准备工作	2	2	2	6	2

"Bingo! 这么分析下来，我们应该优先推荐'提供外卖和打包服务'这个解决方法了。"山姆似乎已经得到了答案。

"等一下！你有没有发现第二个解决方法关于见效时间的得分只有一分？这说明它最明显的瑕疵就是见效比较

慢，短期内可能无法实施。"机器人"脑门"说出了顾虑，同时似乎在思考着什么。

"如果要尽快实现顾客抱怨次数的下降，那肯定是把夜班服务员适当地调整一些去白班见效最快了！"山姆理解机器人"脑门"的顾虑，但还坚持着自己的意见："不过这个解决方法虽然见效快，但是对降低抱怨次数的效果和提升销售额的帮助是非常有限的！"

"有没有可能在推动外卖审批的同时先进行白班夜班人数的调整？也就是靠人员调整先产生短期效果，而长期效果来自外卖和打包服务。把这两个解决方法组合起来可形成一个更加完美的解决方案！"机器人"脑门"说出了自己的想法。

"我太爱你了，'脑门'老师！完美！"山姆兴奋地发出赞美："原来最佳解决方案可以是多个解决方法相互补强而成的集合。"

"我马上整理一下思路，再去给静姐汇报一次。"看到这个咨询项目成功的希望越来越大，山姆再次感受到了发自内心的兴奋。

4.4 降低难度

在优选出最佳方案后，可以基于表 4-7 进行难度评估和方法优化。

表4-7 难度评估矩阵

对象	工具	方法	习惯
你	简单	简单	有难度
你和他人	较难	较难	很困难
他人	有难度	有难度	很困难

此表的横行说明，如果这个解决方案只是调整了一些工具（equipment）或方法（methods），那么实施的难度相对较低；如果这个解决方案是要改变人的行为习惯（human behavior）的，那么实施的难度就变高了。比如吃饭时，把筷子换成勺子其实不难，又或是换成西餐的用餐方式也可以接受；但如果让右利手换用左手吃饭，哪怕还是用筷子也是相对困难的。

此表的竖列说明：如果这个解决方案的实施是你说了算，那么实施的难度相对较低；如果这个解决方案的实施需要你和其他人一起参与，即需要依赖他人或其他团队的支持，那么实施的难度就增加了；如果这个解决方案的实施完全依赖于他人或其他团队，即你无法参与具体的实施或是你说了不算，那么实施的难度就更高了。

如果某个解决方案既需要依赖于他人或其他团队的执行，又需要改变他们的行为习惯，即在表4-7的右下角区域，那么这个解决方案的实施难度是非常高的。

我们降低解决方案的实施难度的过程其实就是把解决方案尽可能从右下方移动到左上方。基本思路就是提供一些工具或方法，以降低改变人的行为习惯的难度；尽可能把完全依赖于他人或其他团队的执行，转变为自己或自己的团队可以部分参与或完全由自己或自己的团队说了算的执行。

4.5 计划执行

在降低解决方案的实施难度之后，我们需要选择正确的人或组建合适的团队去实施解决方案，同时制订合理的进度计划并准备相应的资源。在执行过程中要进行合理的分工和合作，同时不断地监控解决方法实施的范围、进度、成本、效果等方面的情况，并及时调整方法以应对发生的偏差。

因为本书专注于问题分析和解决这一课题，不想涉及任务的规划和执行、监控节点的设计、员工管理和绩效管理等课题，所以不在这些内容上多费笔墨。但读者在实际工作中，需要考虑以上课题，以确保解决方案得到高效和成功的实施。

5

效果评估：全面评估所有"并发效应"

在实施解决方法时，需要全面评估问题解决的效果并评估所有的"并发效应"。因为一个解决方法在解决当前关注问题的同时，也可能会带来一些正面或负面的"并发效应"，而作为一个有责任感的问题解决者，应该主动评估解决方法所带来的所有负面影响，并判断是否需要消除这些负面影响。就如在病人服用药物或对病人实施治疗方案之后，主治医生应该评估治疗效果；如果服用的药物或实施的治疗方案给病人带来了一些副作用，那么主治医生就应该评估这些副作用并判断是否需要调整药方或治疗方案以消除这些副作用。

以图 5-1 为例，在针对问题 A 施行解决方法一段时间之后，问题 A 明显缓解，并且达到期望目标。但这时我们是不是可以庆祝问题成功解决了呢？还不行。我们需要全面评估问题解决的效果，比如问题 D 也有明显缓解，这可能是问题 A 的解决方法带来的良性"并发效应"；同时我们也发现问题 C 似乎有恶化的情况，这不排除是问题 A 的解决方法所带来的负面"并发效应"。我们需要继续追踪和评估问题 C 的变化，并判断是否需要去解决这一负面影响。如果确定恶化后的问题 C 值得解决，或者问题 C 正在不断恶化，那么我们就需要针对问题 C 去思考解决方法或者调整问题 A 的解决方法，而不是把问题 C 留给别人去发现和解决。

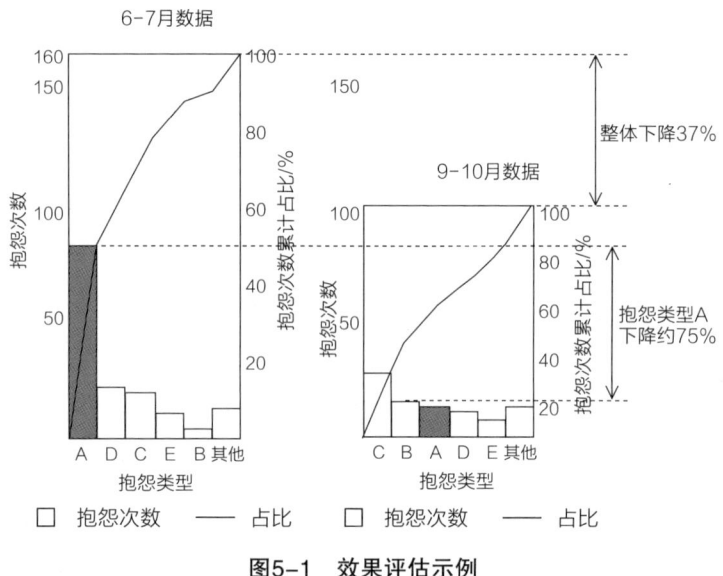

图5-1　效果评估示例

除了在实施解决方法后评估问题解决的效果，对于重要的问题，如果条件允许，就算问题解决的项目已经结束，我们也应该长期地追踪改善效果以监控问题是否复发。趋势图是一种很好的工具，可以用来监视一些易复发的问题。

如图 5-2 所示，在解决方法实施后，我们可以观测问题解决后的监测指标是否超过我们设定的上限或下限。一旦监测指标越过上限或下限，说明情况可能发生了一些变化或是问题可能又出现了。

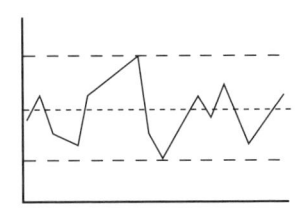

图5-2 趋势图示例

落实效果评估，勇于检验解决方法的效果，主动消除自己的解决方法所带来的负面影响，长期追踪问题解决的效果以监控问题是否复发，这些行为都体现出我们作为问题解决者的责任感和对于问题解决全过程的理解。

杰克餐厅：效果评估

山姆团队的解决方案兼顾了短期和长期的效果，所以得到了部门领导静姐和客户杰克餐厅老板鲍勃的认可和赞许，解决方案很快得以推动和实施。

一个多月过去了，为了对问题解决的效果进行跟踪和评估，山姆的项目团队一直观测和收集杰克餐厅的运营情况。鉴于在问题解决前山姆的项目团队收集了4个星期的数据，项目团队这次也收集了4个星期的数据以作对比。看着团队近期收集到的杰克餐厅的各种数据，山姆很想知道解决方案实施的效果究竟怎样。

在过去3年里，山姆真的非常感谢自己身旁的智能机器人"脑门"。它就像是一位良师益友，当自己在职场中有什么困惑时，都可以问问它，它总会给自己一些启发和建议。

"'脑门'老师，请教你一个问题可以吗？"山姆想与智能机器人"脑门"讨论一下自己的困惑。

原本在无线充电模式下的智能机器人"脑门"闪烁了一下白色眼眶灯，黑色的轮子转动了一下方向，朝着山姆这里移动过来。

机器人"脑门"说："当然可以，山姆。是什么问题？"

"在进行了白班夜班的服务员人数调整和提供外卖打

包服务后,从杰克餐厅的运营人员的反馈来看,顾客等待时间有所下降,顾客抱怨的次数也少了。"山姆提出了自己的疑问:"我们近期收集到了杰克餐厅的一些数据,我想知道用哪些工具可以既清晰又全面地呈现出当前的运营情况和问题的改善效果。"

智能机器人"脑门"的一对黑色轮子原地打转了几圈,黑轮子上的蓝色轮毂灯也随着闪烁了几下。

"你这是在思考吗?"山姆问道。

智能机器人"脑门"停下轮子不再旋转,回答道:"我在思考怎么启发你,同时也在调取这个项目前期分析所用的工具和方法。"

"在实施了解决方案一段时间后进行问题解决的效果评估,这种情况与医生实施治疗后判断患者是否康复相似。你回忆回忆:医生会怎么做?"机器人"脑门"反问山姆。

山姆喜欢智能机器人"脑门"启发自己思考而不是直接告诉自己答案的指导方式,想了想积极地回应道:"就拿感冒发烧为例吧。医生一般会先给我量下体温,再让我验个血,如果白细胞数量过高说明是细菌性感染,情况严重时医生可能会给我开些药或者建议我挂盐水。几天后,医生一般会再次测量我的体温并安排我验血。如果烧退了,白细胞数量也正常了,那就说明我的感冒发烧好了。"

智能机器人"脑门"顺着山姆的例子小结道:"对于比较复杂的病情,入院时帮助医生判断患者病情的那几项检测,一般在出院前医生都会要求患者全部再检查一遍。

而且考虑到治疗方案可能会带来的负面影响，医生可能还会加查几项检测。"

"也就是说，在效果评估时使用的分析工具相对于问题选定时使用的分析工具是只多不少咯！"山姆接受了机器人"脑门"的理念并分享着自己的感悟："之前选定问题时我们需要从多个维度去观察问题，否则无法全面地分析问题。现在做效果评估时的理念应该也是与之前一致的——从多个维度去评估问题解决的效果。"

智能机器人"脑门"称赞了山姆："你的悟性越来越高了！给你点赞！"

山姆努力地回忆着："在选定问题阶段，我们是应用了多次柏拉图分析后从模糊的问题群中找到了主要问题。"

"还记得是做了哪几个维度的柏拉图分析吗？"机器人"脑门"总是能问到关键点上。

"柏拉图分析的纵轴是抱怨次数，而横轴则选取过周一至周五、抱怨类型和白班夜班。"山姆若有所悟地说道："所以现在进行效果评估时，我们也可以从这几个维度来审视一下问题解决的效果，对吧？"

"是的，你不妨先看看有没有相关的数据吧。"机器人"脑门"鼓励山姆行动起来。

山姆飞快地操控着鼠标，一会儿就找来了近期收集的改善后的数据。如表5-1所示的是近期周一至周五的抱怨次数。

表5-1 改善后周一至周五的抱怨次数

日期	抱怨次数
星期五	14
星期四	10
星期二	5
星期三	3
星期一	2

在选定"周一至周五"为横轴、抱怨次数为纵轴后，山姆熟练地画出了柏拉图分析图，并与问题解决前的数据进行了对比，就如医生对比着治疗前后的检测数据一样。

山姆对比着问题选定时和解决方案实施后的数据，如图5-3所示，一边分析一边说："左图是问题选定时的数据，即问题解决前的数据。而右图是解决方案实施后近期收集到的数据。调整一定数量的夜班服务员去白班是根据周五

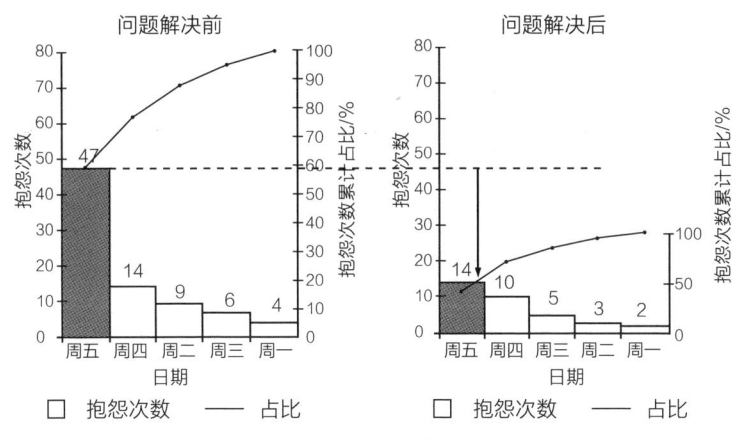

图5-3 问题解决前后的数据对比（1）

白班和夜班的人流量和服务员的工作量分析的，所以周五的抱怨数量下降了 70.2%，改善效果明显。我们可以看到，白班夜班的人员调整和外卖打包服务对周一至周四也带来了良性'并发效应'，周一至周四的顾客抱怨次数也都有下降。基于改善后的整体数据分析，抱怨次数总体下降了 57.5%。"

"看来改善效果明显。考虑到这家杰克餐厅紧邻商业中心和办公园区，周一至周四也是午餐时段的用餐人数比晚餐时段多。所以调整一定数量的夜班人员去白班和提供外卖打包服务，这两个解决方法的确会带来良性'并发效应'。"机器人"脑门"认可了山姆的分析结论。

山姆深吸了一口气，就像是在给自己打气一样："既然需要从多个维度去评估问题解决的效果，那我们看看其他维度上的数据对比吧。"

"让我找一下近期抱怨类型的数据。" 随着一阵鼠标点击和键盘敲击的声音，山姆的目光快速地跟随页面移动着。不一会儿，他找到了近期抱怨类型的数据，如表 5-2 所示。

表5-2　改善后抱怨类型的数据

抱怨内容	抱怨次数
1. 服务生不礼貌	8
4. 食物太凉	7
2. 上错菜	5
5. 等待时间太长	5
7. 食物不新鲜	3
3. 环境不够好	3

（续表）

抱怨内容	抱怨次数
6. 饭店太拥挤	2
8. 其他	1

在选定抱怨类型为横轴、抱怨次数为纵轴后，山姆再次使用柏拉图对比分析问题解决的效果。如图5-4所示。

问题解决前

抱怨类别
1. 服务生不礼貌
2. 上错菜
3. 环境不够好
4. 食物太凉
5. 等待时间太长
6. 饭店太挤
7. 食物不新鲜
8. 其他

问题解决后

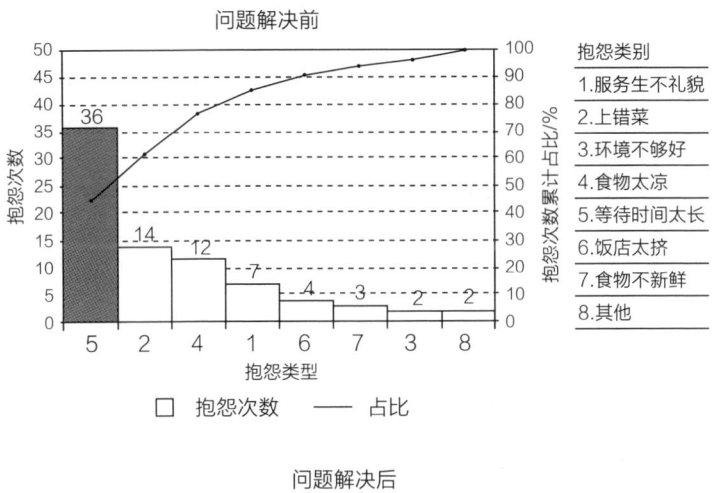

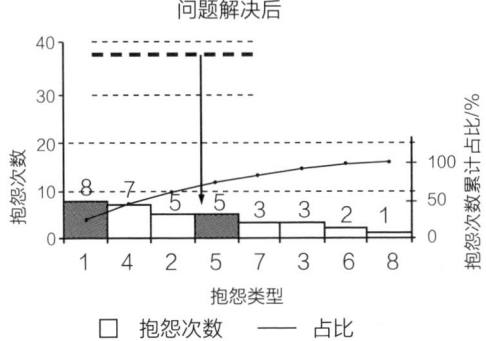

图5-4　问题解决前后的数据对比（2）

"'脑门'老师，您看上面这两张图。在我们实施了白班夜班的服务员人数调整和外卖打包服务后，原先的主要问题'等待时间太长'下降明显，降低了86.1%。从整体上看，餐厅近期的抱怨总数从之前的四周累积80次下降到了四周累积34次，整体下降57.5%；各个抱怨类型似乎都有下降，带来的良性'并发效应'明显。"

智能机器人"脑门"黑眼圈上的白色眼眶灯快速闪烁着红光，既像报警又像是在扫描着电脑屏幕上的图表数据。机器人"脑门"似乎看到了什么，提醒山姆："你再仔细看看有没有抱怨次数增加了的类型？"

"我逐一核对一下……的确有抱怨次数增加的抱怨类型！是'服务生不礼貌'这个抱怨类型增加了1次，问题解决前的四周抱怨次数是7次，问题解决后的最近四周抱怨次数是8次。"

机器人"脑门"提出了自己的想法："数据上相差1，可以认为是合理偏差。为了提防其不断恶化的可能性，你看看最近四周的此项抱怨的底层数据，看看与问题解决前有什么差异。"

"关于这8次'服务生不礼貌'的顾客抱怨，堂食是5次，打包服务居然有3次！"山姆查看具体数据后有些惊讶。

"你觉得这说明了什么？" 机器人"脑门"又开始启发山姆。

山姆思索片刻后回答："在实施了人员调班和外卖打包这两个解决方法后，堂食的'服务生不礼貌'的抱怨次数其实是下降的。但是提供打包服务的同时也造成了顾客对服务员不礼貌的投诉。这说明解决方案中的打包服务带来了一个负面的'并发效应'。"

"那我们应该如何应对呢？"山姆问。

机器人"脑门"谈了它的思路："项目团队需要继续监控打包服务造成的顾客对餐厅服务员不礼貌的投诉，如果此项抱怨次数持续增加，那么需要针对这个新问题再次实施问题解决，提高服务员在打包服务中的服务水准。"

"明白了。对解决方法带来的'并发效应'反应需要长期监控，如果这一负面'并发效应'持续恶化，那么就得针对出现的新问题再次进行问题解决。"山姆的自言自语更像是说给自己听的。

"接下来，我们再看看白班夜班的数据吧。"山姆开始在电脑里查找白班夜班的抱怨数据。

"之前选定问题时我们发现午餐班次的顾客抱怨比较多，所以近期收集数据时我们着重收集了白班的顾客抱怨数据而没有收集夜班的数据。"山姆发现了数据的不完整后问机器人"脑门"："没有夜班数据，无法做白班夜班的柏拉图分析了。请问还有什么分析工具可以帮助我们做问题解决的效果分析吗？"

机器人"脑门"闪烁了一下白色眼眶灯后说："趋势图是一种很好的工具，可以用来长期追踪问题解决的效果并监控问题是否复发。"

智能机器人"脑门"的两个轮子打起转来，蓝色轮毂灯也闪烁着。

"我调取了你们近期收集到的白班数据，发了一张趋势图到你的电子邮箱里。你查收后打开看看。"

"谢谢！"山姆感谢机器人"脑门"总能及时给予自己帮助。

"我看到了你的电子邮件！"山姆打开电子邮箱，找到了机器人"脑门"刚发的电子邮件，点开附件里的趋势图（见图5-5）后琢磨了起来："左图是问题解决前的午餐时段的顾客等待时间的趋势图。横轴是顾客到店时间，从中午11:30至下午2:00；纵轴是等待时间。右图是问题解决后近期的午餐时段的顾客等待时间的趋势图。横轴纵轴同左图。"

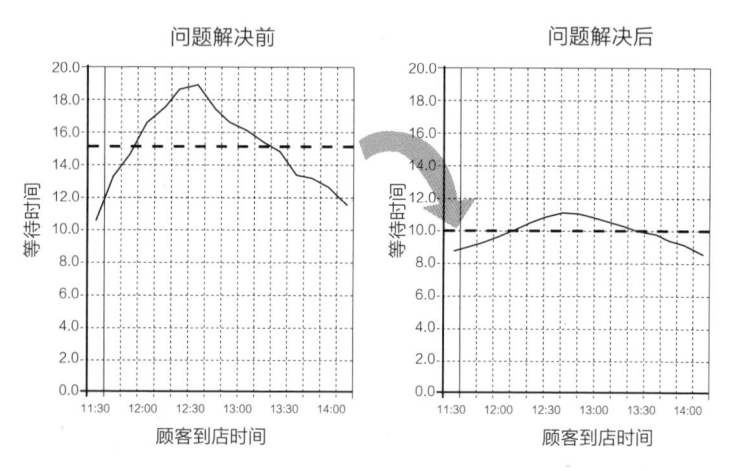

图5-5 问题解决前后的趋势图对比

"你看看这张图传递出来哪些信息?"机器人"脑门"问道。

"午餐顾客的平均等待时间从之前的15分钟下降到了现在的10分钟。"山姆边看边回答,"而且忙时时段顾客等待的峰值时间也从之前的19分钟左右下降到了现在的11分钟左右。"

机器人"脑门"补充了自己的思考:"你有没有注意到午餐刚开始11:30后和临近结束14:00前的闲时时段的顾客等待时间也从之前的10分钟多一点下降到现在的8分钟多一点。你觉得闲时时段的顾客等待时间下降是白班调入了部分夜班人员这一解决方法贡献多还是外卖服务贡献多呢?"

山姆陷入了思考:"嗯……"

山姆突然抬起了头,似乎有了答案:"闲时时段的顾客等待时间减少的2分钟时间应该是更多地得益于白班夜班人员调整这一解决方法。"

"那么忙碌时段顾客等待的峰值时间从约19分钟下降到11分钟,减少的8分钟左右等待时间则是受益于白班夜班人员调整和外卖服务这两个解决方法,所以改善效果更好!"山姆继续分享着自己的思考。

"看来你现在有很多信息可以向领导和客户汇报了。"机器人"脑门"说,"把我们这些分析做成几张PPT,全面地呈现一下问题解决的效果吧!相信你的汇报会很精彩！"

"希望这些问题解决的效果评估信息能起到鼓舞人心的作用！激励大家继续实施现在的解决方案！"山姆觉得自己已经被激励到了。

山姆回顾着今天的效果评估分析过程，颇有感悟地说道："对问题解决进行效果评估时一定要从多个维度来分析，从而全面地看清改善效果，避免只看到片面的歌舞升平。"

听到山姆的有感而发，智能机器人"脑门"的两个轮子打起转来，像是给山姆鼓掌似的，蓝色轮毂灯也有节奏地愉快地闪烁着。

6

标准化并推广：两种扩展思维与风险管理

在全面地评估问题解决的效果后，如果没有发生负面"并发效应"，或虽然有负面"并发效应"但是其负面影响可接受、不会持续恶化且风险可控，那么我们可以进一步思考要不要将这个问题的解决方法标准化和流程化并推而广之。

标准化和流程化已被证明有效的解决方法，可以防止此类问题反复发生。

推广已被证明有效的解决方法，可以在推广范围内彻底解决此类问题，大幅提高其他人解决此类问题的效率，产生更好的效果。

6.1 两种扩展思维

在思考标准化后推广的范围时，我们可以使用两种扩展思维：一种是关于起因的扩展思维，另一种是关于解决方法的扩展思维。在 3.2 节"确定最有可能的起因：5 种方法"中我们介绍过第一种关于起因的扩展思维。

6.1.1 扩展思维（一）

第一种扩展思维是对问题的起因进行扩展分析——考虑可能由问题的起因引起的其他问题。

☐ 该起因还可能引起别的什么问题。
☐ 该起因还可能在其他什么地方引起类似的问题。

比如在 3.2 节"确定最有可能的起因：5 种方法"中曾经提

及的"在工作所在地不好找女友"这个起因除了会造成"制造部20岁至25岁男性作业员流失率高"这个问题，还可能会在制造部引起别的什么问题？听说有两位20岁至25岁男性作业员因为喜欢公司内的同一个女孩而打架被警告甚至开除。

"在工作所在地不好找女友"这个起因还可能会在哪些部门或者哪些兄弟工厂引起类似的问题？

如果解决方法"年轻员工回家相亲成功后，公司帮助其配偶安排工作岗位或推荐工作机会"在实施一段时间之后，的确使年轻男性员工的流失率下降了，那么这个解决方法能否推广到其他部门或兄弟工厂呢？

现在我们介绍第二种关于解决方法的扩展思维。

6.1.2 扩展思维（二）

第二种扩展思维是对问题的解决方法进行扩展分析——考虑有何相似的问题需要同样的解决方法，或该解决方法能否解决其他问题。

☐哪类相似的问题需要同样的解决方法。
☐这种解决方法可能可以解决其他什么问题。

我曾经就职于一家美资半导体设备供应商，我们曾经通过测试程序中的步骤调整将某台芯片测试设备上高速开关的年均损耗减少了312个。因为每个高速开关的费用是908美元，所以这个解决方法每年为这台设备节省了零部件费用283296美元。

既然问题解决的效果不错，接下来我们就思考如何进行标准化推广。

根据对问题的起因进行扩展分析的扩展思维（一），可寻找还有哪些测试设备也是因为在测试中频繁切换高速开关而造成高速开关大量损耗的，能否通过测试步骤的调整以减少高速开关的损耗。这个问题发生在上海，会不会也在其他省市或其他国家和地区发生？

根据对问题的解决方法进行扩展分析的扩展思维（二），又可思考有没有其他应用的测试程序也是因为频繁切换器件造成器件损耗大的。我们发现在其他测试程序中有频繁切换跳线器等器件的情况，的确造成了器件的过度损耗，那么我们可以用类似的解决方法——通过调整测试步骤减少跳线器等器件的频繁切换，来减少测试程序对测试设备的跳线器等器件的损耗。

通过以上两种扩展思维，我们在亚洲地区开启了10个标准化推广项目，为公司减少了每年约200万美元的测试设备的零部件费用。

让我们再看一个更著名的标准化推而广之的成功案例——集装箱。

集装箱最大的成功在于其产品的标准化以及由此建立的一整套运输体系。能够让一个载重几十吨的庞然大物实现标准化，并且以此为基础逐步实现全球范围内的船舶、港口、航线、公路、中转站、桥梁、隧道多式联运相配套的物流系统，这的确堪称人类有史以来创造的伟大奇迹之一。

集装箱于1921年3月19日最早出现在美国纽约铁路运输总公司，最早是用于铁路。

后来英国人把集装箱推广到了欧洲，于1929年开始了欧洲大陆直达集装箱联运。

之后美国人马尔康·马克林（Malcom Mclean）认为集装箱这一运输标准应该推广到海洋运输，只有实现集装箱的陆海联运，才能充分发挥集装箱运输的优势。

在集装箱发明以前，当时的海运并不是一个很好的选择——因为装满一艘大船需要很长时间，这就造成了船舶在港口排队等候时间很长，让海运行业的固定资产闲置率很高，海运的运输成本也高。

随着集装箱被推广应用到海洋运输，人们可以在陆地上把物品放到集装箱里面，因为集装箱是标准化的，所以可以统一装船，不仅装得快，而且装得多。我们把货物装卸的大部分作业在陆地上解决，而不是在甲板上，这样就减少了船舶进港装卸的时间，同时也意味着减少了船舶在港口排队等候的时间。集装箱的推广应用，降低了海运行业的固定资产闲置率，使得远洋货运业务在随后 30 年里上升了 5 倍，总成本下降了 60%。

因为集装箱的标准化，所以相关联的吊车、卡车等设备也开始逐渐标准化，然后各国的码头也逐渐标准化。当大家逐步使用统一标准时，运输效率也得到了不断提高。

海运彻底成了人类的主流物流方式，全球化业务也自此开始，世界经济形态也因此发生了改变，有一本书《集装箱改变世界》讲述的就是标准化并推广集装箱所创造的伟大奇迹。

6.2　风险管理

在标准化推广时，要注重风险管理，避免将来有可能出现的问题。

- □ 列出将解决方案标准化后可能出现的问题。
- □ 分析每一个可能出现的问题的所有可能的原因。
- □ 采取预防行动（即预防措施），避免可能的起因发生或减少造成问题的可能性。
- □ 制定应急措施及启动机制，以便在问题发生时，尽量减少损失。
- □ 预防措施总是优于应急措施。

在我合作过的企业中，曾经有一家公司发现其办公室3楼的室内温度比2楼、1楼高7度，原因是3楼的设计部门电脑多且通风差。优选后的解决方案是请IT部门制作统一的节能屏保程序且该屏保程序能及时关闭一段时间不用的显示器。为了防止节能屏保程序在推广使用过程中可能产生的风险，问题解决团队准备了以下措施。

☐预防措施：安装统一屏保前，先帮员工备份。

☐启动机制：有3个以上员工安装使用新屏保后发生电脑死机。

☐应急措施：全面卸载新屏保程序，并利用先前备份将所有电脑恢复为安装新屏保前的设置，收集电脑死机时的信息记录并优化屏保程序。

6.3　SDCA方法

在明确了标准化推广的范围和管控了可预见的风险之后，我们一般运用 SDCA 方法推动新标准。SDCA 的定义如下：

- □S是标准（standard），即让解决方案标准化、流程化，为新的标准编制出各种质量体系文件；
- □D是执行（do），即执行标准化流程和质量体系文件；
- □C是检查（check），即对新标准的质量体系的内容进行审核和各种检测；
- □A是行动（act），即针对检测到的异常，做出相应处置。

S—标准(standard)：让解决方案标准化、流程化(见图6-1)。

☐按新标准更新流程文件和政策。

☐与该流程相关的人员都与新标准保持一致。

☐流程中实际发生的活动应符合新标准的描述和要求。

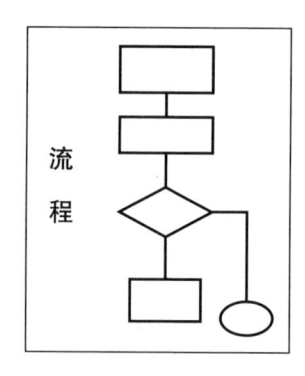

图6-1　流程化

D—执行（do）：执行新标准。

☐收集新标准流程的各项数据。如图6-2所示。

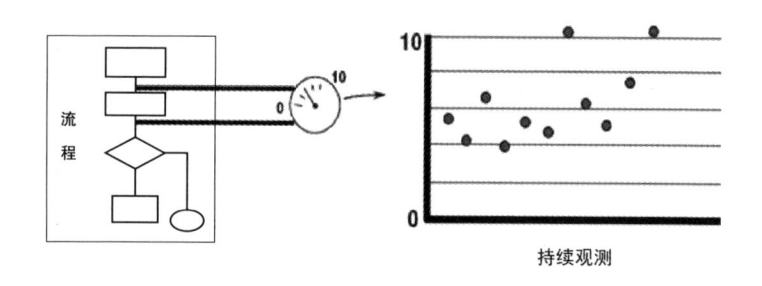

图6-2　收集新标准流程的各项数据

C—检查（check）：检查新标准的执行效果。

☐ 察觉正常变化范围之外的事件、结果和它们的发生顺序，如图6-3所示。

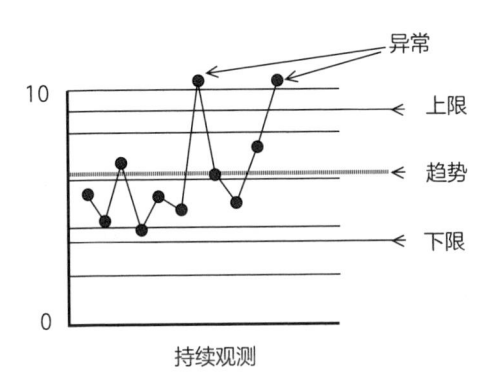

图6-3　检查新标准的执行效果

A—行动（act）：采取行动。

☐ 一旦发现异常结果，必须再次进行问题解决，如图6-4所示。

☐ 如果结果都在正常变化范围内，则表示此次标准化成功，可以继续下一个标准化SDCA周期。

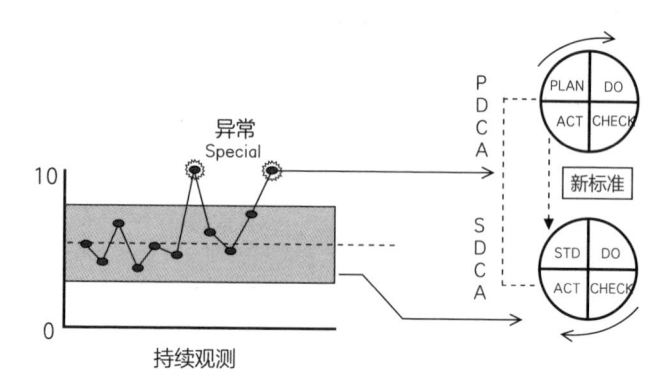

图6-4 发现异常后采取行动

关于SDCA和PDCA之间的关系，我们可以用图6-5来简单解释一下。

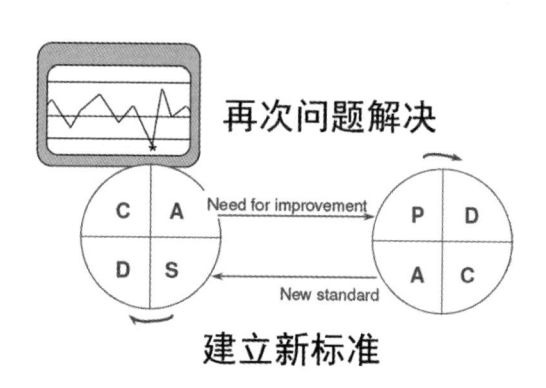

图6-5 SDCA和PDCA的关系

如果一个问题解决在效果评估（check）时发现解决方案没有带来负面"并发效应"，或虽然有负面"并发效应"但是其负面影响可接受且不会持续恶化，负面影响的表现为总体可控，那么相应的行动（act）是将解决方案进行标准化推广，即 SDCA 流程。在标准化过程中，检查（check）时一旦发现异常，就采取行动（act）再次进行问题解决。如果没有发现异常，则此次解决方案的标准化成功。

6.4 赢得支持

要标准化推而广之，必须先赢得足够的支持，对此我们需要完成以下几个动作：

☐ 帮助管理层和合作伙伴理解解决方案和新标准；
☐ 使用分析工具解释问题解决和标准化的关键环节；
☐ 呈现解决方案的优势和标准化推广后的回报；
☐ 讨论哪些问题可以进入下一步的问题分析和解决。

在标准化推广的过程中，领导重视和全员参与是非常重要的。企业高层领导要积极倡导，率先垂范，成为标准化的积极推动者。标准化的推广又离不开相关团队的全面合作。相关团队的积极参与是标准化有效执行的保障，需要充分发挥每个团队成员的智慧。

在推行标准化,使其高效落地的过程中,建议做好以下四点。

1.营造标准化氛围

加大宣传力度,例如以分享成功案例、组织相应培训、在各部门内路演等形式,宣传新标准的积极作用和回报,赢得领导和员工的支持。

让领导和员工认同新标准,进而影响他们的行为。实现由思想转化为行动,而非被动接受,以此提高全员参与新标准推广的主动性和积极性。

2.适度量化管理

无论是在工作的计划 P、实施 D、检查 C、改善 A 的哪个环节中,标准化都是一项重要内容,它帮助员工明确了"做什么、怎么做、做到什么效果、发现异常怎么处理这些内容"。

3.辅以绩效和激励

发挥绩效管理在调动员工积极性和促使员工发挥主观能动性方面的作用,建立新标准推广的绩效考核和激励机制。

4.保持持续改善

标准化的核心理念就是要持之以恒地做到循环往复,不断完善。通过对问题解决的复盘思考推动持续改善——为什么问题会发生?为什么不能早点识别此类问题?为什么不能提前预防此类问题?

全员树立问题意识和改善创新意识,通过不断发现问题、分析问题和解决问题来形成企业自我改善的内生动力。

杰克餐厅：标准化并推广

杰克餐厅的老板鲍勃对于解决方案实施后呈现出来的效果非常满意，希望这个兼顾了短期效果和长期效果的解决方案能推广到其他门店。

部门领导静姐看到了鲍勃的邮件后很重视这个需求，特地叫来项目经理山姆。咨询行业在经历了疫情3年的艰难时期后，业务发展也是负重前行。静姐希望通过这次解决方案的标准化推广，提升公司在行业内的口碑，并进一步推动公司业务的发展。所以此次解决方案的标准化推广务必慎重以求万无一失。因为若成功，将对公司的业务发展意义重大；若失败，则将对公司未来的生存产生负面的冲击。

在与部门领导静姐沟通之后，山姆感觉到压力巨大。山姆一脸严肃地回到办公桌前，一屁股坐下后就默不作声了。

智能机器人"脑门"看到山姆脸色凝重，有点不解地问山姆："杰克餐厅的问题解决效果不错啊，你和静姐开完会后怎么都愁眉苦脸的？"

山姆把静姐刚才与他沟通的想法和机器人"脑门"简述了一下，心事重重地说："现在看来解决方案的标准化推广是势在必行，不得不做了！考虑到杰克餐厅连锁分店很多，而且广泛地接触着各行各业的顾客，所以此次标准化推广的影响很大。我们需要计划出一个万全之策，力求有功无过!"

机器人"脑门"也明白解决方案标准化推广的得失影响,觉得应该帮助山姆一下:"你看要不要把项目团队成员召集起来?大家讨论讨论,群策群力的效果比较好,是吗?"

"对的,三个臭皮匠顶个诸葛亮。我召集大家开会讨论一下,人多智广嘛!"山姆点点头。

关于如何标准化推广的会议在下午紧急召开了,山姆扫视了一下会议室里项目组的伙伴们,随后转述了部门领导静姐的期待和自己的顾虑。

七仔前辈认同了山姆的顾虑:"我理解山姆的顾虑。目前实施的解决方案在当前这家杰克餐厅的效果是不错,但是我们不得不考虑这个解决方案推广到其他门店会不会有负面的影响。"

山姆提议:"我们先请我们的朋友机器人'脑门'帮我们梳理一下此次讨论的思路和步骤吧。"

伙伴们纷纷点头,大伙都期待地看着胖墩墩的智能机器人"脑门"。

机器人"脑门"开始建言献策:"在标准化推广之前,我们首先需要思考可以推广新标准的范围。在确定了推广范围后,我们还要分析在推广中可能出现的风险,并思考如何管控这些风险。还有一些标准化的文档工作需要做,比如根据新的解决方案编制出各种需要标准化的工作内容的标准文件,而且尽可能地量化,至少适度量化。"

"大家有没有疑问？"山姆问道。

见各位项目组成员没有异议，山姆推进了会议议程："那么我们第一步先讨论一下此次推广新标准的范围。"

机器人"脑门"接着山姆的节奏分享道："在寻找推广新标准的范围时，我们可以进行两种扩展思考。第一种思考是对问题的起因进行扩展分析，考虑可能由问题的起因引起的其他问题。可以思考该起因还可能引起别的什么问题，该起因还可能在其他什么地方引起类似的问题。"

绰号"大头"的小张的反应还是一如既往地快，他说出了自己的想法："关于'问题的起因还可能在其他什么地方引起类似的问题'，我曾经有过相似角度的思考。在推广这次的解决方案前，我们应该追根溯源一下。杰克餐厅要求'减少顾客抱怨次数'这一问题群中的主要问题是'星期五午餐班次的顾客等待时间太长'，这个主要问题的根源性起因'白班夜班排班不合理'，是与杰克餐厅选址在办公园区里息息相关的。正是因为它位于办公园区内，所以午餐的顾客数量远大于晚餐的顾客数量，尤以周五有团队聚餐时为甚！"

"如果某家餐厅的午餐晚餐顾客人数差不多或者晚餐顾客比午餐更多，那么当前的解决方法'白班夜班人员调整'的调班比例就不适用了。"小张继续补充道。

"有道理！那么我们就分析一下哪些餐厅的晚餐人数不比午餐少。"胖胖的小王也跟着分享起自己的思考，"我觉得毗邻居住区的餐厅晚餐顾客人数应该多于午餐吧。"

小林深以为然："同意！我回家以后一般不做饭，会选择家附近的某家餐厅吃个简餐。"

七仔前辈提出了更深入的见解："按照杰克餐厅目前的排班方式，白班夜班是按1∶1安排服务人员的。如果毗邻居住区的杰克餐厅门店晚餐顾客人数比午餐时多，其实也存在'白班、夜班排班不合理'，那么应该把白班人员调整一些去夜班，这样就可以降低夜班的顾客抱怨次数。"

"我们调研的这家杰克餐厅的忙时是在午餐时间尤其是周五午餐时间，但是位于商业中心的门店的忙时不一定是周五，有可能是周六或周日！所以调班比例应该根据各自门店的实际情况测算一下。"小王表达出与七仔前辈一致的看法。

山姆发现小王在认同组员观点时总是非常积极，怪不得她人缘不错。

山姆不失时机地提炼出伙伴们讨论出的结论："所以此次解决方案推广的范围不应局限于位于办公园区的连锁门店或毗邻居住区的连锁门店，只要是午餐的顾客数量与晚餐的顾客数量存在严重不平衡的分店都可以推广'白班夜班人员调整'和'打包和外卖服务'。当然，现在推行的解决方法'白班夜班人员调整'的调班比例是根据当前项目门店周五午餐顾客数量与晚餐顾客数量的比例来确定的，而推广时各门店应该根据各自客流高峰期的顾客人数比例重新测算。"

七仔前辈"嗯"了一声，又问机器人"脑门"："您提到有两种扩展思维。刚才介绍了第一种，那么第二种是什么呢？"

"第二种扩展思维是对问题的解决方法进行扩展分析，考虑有何相似的问题需要同样的解决方法，或该解决方法能否解决其他问题。"机器人"脑门"继续解释道，"比如，这次的解决方案中'白班夜班人员调整'和'打包和外卖服务'两个解决方法是否可以解决相似的问题或其他问题？"

会议室里安静了一会儿，山姆和他的团队伙伴们都在努力思考着……

山姆打开电脑，翻看起项目资料，试图寻找一些灵感。突然他开始自言自语又像是在启发伙伴们："我们先看看杰克餐厅还存在哪些相似的问题或其他问题。"

山姆给与会者分享着项目的背景信息："这家门店的常见顾客抱怨是：1.服务生不礼貌，2.上错菜，3.就餐环境差，4.食物太凉，5.等待时间太长，6.饭店太拥挤，7.食物口感不新鲜。"

七仔前辈接住山姆的话题："在效果评估时，我们已经发现推行解决方法'白班夜班人员调整'和'打包和外卖服务'除了可以缩短顾客的等待时间，同时对'2.上错菜'，'4.食物太凉'和'6.饭店太拥挤'等问题都有积极的影响。而且从相互关系的逻辑上去分析解决方法对这些问题之间的积极影响也是容易理解的。但是这些良性'并发效应'在效果评估阶段已经向客户汇报过了，谈不上新想法了。"

小林有点纳闷了:"看来在顾客抱怨方面,很难有新的突破点。"

智能机器人"脑门"黑眼圈上的白色眼眶灯快速闪烁着,它启发大家:"之前我们比较关注顾客的抱怨,现在我们对解决方法进行扩展分析时是否可以关注一下杰克餐厅内部各部门之间会有哪些抱怨或问题呢?尤其是与等待时间太长相似的问题。"

大家再次陷入了沉默,山姆和他的团队伙伴们又在努力思考着……

聪明的小张再次率先发言:"在调研时,我了解到厨房部门投诉中央厨房配送不及时,有时到了就餐时间有些菜的原料或半成品还没配送到店,导致门店有些菜卖不了。这应该算门店厨房等待中央厨房配送的时间太长吧?"

"那么'白班夜班人员调整'和'打包和外卖服务'中的哪个解决方法可以帮助解决门店厨房的等待时间过长问题呢?"小林的参与感很高。

"我觉得变通一下'打包和外卖服务',应该有机会解决门店厨房的等待时间。"小王的回答感觉是在抢答似的。

山姆喜欢这个团队热烈讨论时的气氛。

小林有些不解地问:"王姐,能否解释一下您的思路呢?"

小王清了清嗓子,解释说:"杰克餐厅是家连锁餐厅,我们项目对应的这家门店周边3公里之内就有两家杰克餐厅的分店。如果一家门店的厨房发现某个菜的原料或半成品不足，同时中央厨房的配送时间又太长，来不及赶上顾客就餐时间，那么这家门店是否可以寻求附近门店的支援呢？从附近门店打包调拨一些菜的原料或半成品，请外卖小哥送过来或者门店自己派人去拿。等自己门店预订的原料或半成品配送到了，再通过外卖小哥或门店派人送还给附近支援自己的门店。"

"好主意！""牛！""Good idea！"几位组员纷纷发出赞许声。

"通过对解决方法进行扩展分析的第二种扩展思维，我们建议用外卖服务解决门店厨房等待中央厨房配送时间太长的问题。经过大家的集思广益，推广范围越来越大且越来越清晰了，太棒了！"山姆又一次感受到了发自内心的兴奋感，这种兴奋感之前已经多次出现过。

机器人"脑门"继续推进会议的议程："在确定了推广范围后，接下来我们讨论一下在推广中可能出现的风险并且思考如何管控这些风险。针对每个风险，我们需要制订相应的预防措施、启动机制和应急措施。"

会议室又安静了下来，山姆已经不担心这样的沉默了。因为对于自己的团队，每次沉默都意味着之后会有一场热烈的讨论……

山姆突然看到了效果评估时的对比分析图表，情不自禁地分享道："在效果评估时，我们已经发现提供打包服务会造成顾客对服务员不礼貌的投诉。之后我们一直监控此项数据，发现此项数据上下浮动并没有持续增加，所以关于'服务生不礼貌'的抱怨次数也总体可控。"

"考虑到推广外卖和打包服务后,在其他门店可能会出现要求餐食打包的顾客对服务员不礼貌的投诉增加,作为预防措施应该建议杰克餐厅建立打包服务标准,通过技能培训和日常管理改善服务员在打包服务中的服务态度并提高服务水准。"山姆补充了自己的观点。

"启动机制可以是顾客对外卖和打包服务的投诉数量连续几周都在增加,而且增加了一定的数量。应急措施是对被投诉的服务员进行调班或调岗,暂时不安排在外卖和打包繁忙的班次或不接触外卖订单和打包工作;同时对被投诉的服务员进行培训,其考评合格后才能进入正常排班或恢复上岗。"七仔前辈又一次接住了山姆的话题。

"我察觉到一个风险。大家帮忙分析一下可以吗?"小林问。

"说吧!"

"好的!"大家都鼓励着小林。

小林边回忆边说:"我下班后和周末外出就餐比较多,有几次听到厨师出来抽烟时会抱怨外卖多了后厨的活多得忙不过来了。"

小张同意小林的分析:"虽然我们的解决方案里有进行白班夜班人员调整,忙时班次的厨房工作人员肯定会比闲时班次的人数多。但是调班比例是根据没有外卖服务前到店堂食的顾客人数测算的。所以在迭加了外卖烹饪的工作量后,厨房人员的工作量的确会增加。"

山姆询问各位与会者："既然这是一个风险，那么我们就需要找到相应的预防措施、启动机制和应急措施。"

"我留意过厨师的抱怨，他抱怨说外卖菜单上就不应该放做起来麻烦的菜！"小林积极地回应，"这个厨师的想法可以作为预防措施，外卖餐单上的餐品应该选烹饪工作简单的，尽可能少增加厨师的工作量。"

小林觉得应该举个例子帮助大家理解预防措施："举个例子，我喜欢的干炒牛河是比较占用厨师时间的，因为厨师得炒上好一会儿；而各色馄饨其实不花厨师时间，锅里煮一份和煮几份对厨师的时间占用差不多。所以各色馄饨可以上外卖菜单，而干炒牛河则不建议做外卖。"

"小林的想法很好。我也根据自己的就餐体验分享一下启动机制和应急措施。大家看看是否可行。"七仔前辈的丰富经验总能在关键时刻发挥出价值："在顾客点菜后，有些餐厅会在桌上放上一个沙漏，这个沙漏的沙子从上面的玻璃球流到下面的玻璃球一般需要15分钟。餐厅设定了15分钟为上菜时间的服务标准。若沙漏的沙子全部流到下面的玻璃球时顾客的菜还没有上齐，说明这桌的上菜时间已经超过了服务标准。餐厅一般会送些甜点或饮料作为补偿。"

大家都仔细地听着七仔前辈的分享："如果上菜时间的服务标准是15分钟，启动机制可以设为12分钟，超过12分钟可能就说明厨房已经忙不过来了。作为应急措施，餐厅可以暂缓外卖的配送，优先完成堂食的订单。"

这次轮到山姆接住七仔前辈的话茬："没错！堂食多等几分钟，顾客很容易感知到。而外卖是40分钟送到还是50分钟送到，客户其实不会太在意。只要能在就餐时间段内送到就可以了。"

机器人"脑门"觉得这个团队分析问题和解决问题的能力已经越来越强了，是时候继续推进今天的议程了："大家的讨论很热烈而且富有成果。接下来各位需要考虑标准化文档的准备工作，而且应适度量化。推广范围的定义需要标准化和量化；推广的解决方案中的一些内容也需要标准化和量化，比如调班比例的设定等；针对每个风险的预防措施、启动机制和应急措施也需要标准化和量化。以上这些工作是需要与客户多次深入交流和讨论的。"

听了机器人"脑门"的思路，山姆建议道："要不我们进行分工吧。大家可以选择自己熟悉的内容。"

"我来准备推广范围的标准化定义，且考虑适度量化。"

"我负责解决方案里'白班夜班人员调整'的标准化建议，会有一些量化标准的。"

"那我负责'外卖和打包服务'解决方法的标准化建议。"

"关于餐食打包服务的顾客投诉量增加的风险，我去协商出标准化建议，会包含预防措施、启动机制和应急措施，而且会有具体的量化标准。"

"外卖服务会导致厨房人员工作量增加的风险管控就由我来负责，我先找几个厨师讨论讨论。"

……

项目团队的伙伴们纷纷认领着自己的工作,智能机器人"脑门"发现现在的自己是最无事可做的,一时思考起自己在这个团队中存在的价值。

哦,对了!虽然机器人"脑门"没有到餐厅就餐的体验和需求,但它有问题分析和解决的方法和工具。这或许就是咨询顾问的价值!

看着山姆和他的伙伴们出色的工作表现,智能机器人"脑门"黑眼圈上的白色眼眶灯悄悄地闪烁了几下。机器人"脑门"想给山姆再提一个建议:等山姆拿到这次项目的奖金,应该给自己的爷爷奶奶外公外婆爸爸妈妈买些礼物,好好感谢一下他们的养育之恩。这几年山姆一直在外打拼,需要多抽空和家人聚聚。

后　记

本书介绍的这套分析问题和解决问题的结构化方法，立足于理性分析，结合许多定量和定性分析工具。

相较于此书理性的思考方式，有一种偏哲学层面的对问题解决的思考方式：有时解决问题的方法是取消问题。

古有经典案例：曹操在官渡之战打败袁绍后，发现手下人与袁绍大量的往来信件，他非常大度地烧掉了所有"内奸"的通敌信件，起到了笼络人心和稳定团队的作用。

今有国内一家行业头部企业在处理公司高管违规运营事件时，选择让相关人员自我反省、留职察看，从而既避免了自己的组织能力被严重伤害，又纠正了业务运营中的错误行为。

所以一些人可能会产生疑惑：面对问题时取消问题是不是更高明的问题解决思路呢？

如果我们站在本书介绍且提倡的辨别问题，探究问题，选出主要问题的角度，我们可以发现曹操在打败袁绍、袁绍已死之后，之前有人向袁绍献媚可能已经不是问题，至少已经得到缓解，甚至归于无形。北方已定，但大战之后曹军急需恢复元气，稳固军心而不被其他势力趁虚而入才是当务之急。

　　如果我们借鉴本书介绍的兼顾各种利害关系优选解决方案的思路，国内这家行业头部企业处理高管违规运营的方法属于德治，有人情味。考虑到这家企业面对美国政府的打压，正在负重前行，这种处理方法既能为公司部分消减因为违规运营所产生的负面影响，又能纠正不良风气，对错误行为起到警示作用，而且不破坏团队的稳定，不降低组织发展的能力，可以认为是优选后的最佳解决方案。

　　面对问题时取消问题的思想可能比较适合处理某些趋于好转的问题或者非主要矛盾，而且局限于人际类问题而不适合产品和技术类问题。

　　本书的问题分析和解决方法属于辩证唯物主义思想，提倡清晰地辨别出问题群中的主要问题，寻找主要问题的根源性起因，并力求实施最佳解决方案来根除问题，避免此类问题再次发生。

　　希望读者读完此书，在工作和生活中能灵活地运用这套结构化的问题解决方法。它一定可以帮助您提高问题分析和解决的效果和速度，从而节省下数十倍甚至数百倍阅读此书时花费的时间和精力！

后　记

也希望认可此书的读者可以推荐此书给您的亲朋好友、您的团队成员和业务伙伴！独乐乐不如众乐乐，赠人玫瑰手有余香。

谢谢支持！

张巍　戚静娴

2025 年 6 月 1 日　上海